排污单位自行监测技术指南教程
——陆上石油天然气开采工业

生态环境部生态环境监测司
中国环境监测总站 编著
中国石油集团安全环保技术研究院有限公司

中国环境出版集团·北京

图书在版编目（CIP）数据

排污单位自行监测技术指南教程. 陆上石油天然气开
采工业 / 生态环境部生态环境监测司，中国环境监测总
站，中国石油集团安全环保技术研究院有限公司编著.
北京：中国环境出版集团，2025. 7. -- ISBN 978-7
-5111-6281-6

Ⅰ. X506；X74

中国国家版本馆 CIP 数据核字第 2025GG7882 号

责任编辑	殷玉婷	
封面设计	宋　瑞	

出版发行	中国环境出版集团	
	（100062　北京市东城区广渠门内大街 16 号）	
	网　　　址：http：//www.cesp.com.cn	
	电子邮箱：bjgl@cesp.com.cn	
	联系电话：010-67112765（编辑管理部）	
	发行热线：010-67125803，010-67113405（传真）	
印　　刷	北京建宏印刷有限公司	
经　　销	各地新华书店	
版　　次	2025 年 7 月第 1 版	
印　　次	2025 年 7 月第 1 次印刷	
开　　本	787×960　1/16	
印　　张	17.75	
字　　数	325 千字	
定　　价	90.00 元	

《排污单位自行监测技术指南教程》
编审委员会

主 任　蒋火华　张大伟

副主任　邢 核　王锷一

委 员　董明丽　敬 红　王军霞　何 劲

《排污单位自行监测技术指南教程——陆上石油天然气开采工业》编写委员会

主 编　刘通浩　许德刚　王 晨　栾 辉　唐智和　达虹鞠

　　　　敬 红　王军霞

编写人员（以姓氏笔画排序）

万征平	王 成	王伟民	王兴华	王若尧	王 勇
王 萱	王 意	王 鑫	韦 超	孔 川	叶鑫涛
冯亚玲	吕 卓	吕明益	任立博	刘茂辉	刘常永
刘寅飞	齐 硕	江 丽	孙国翠	杜谨宏	李巨峰
李宗超	李莉娜	李 曼	李煜婷	杨伟伟	杨依然
邱立莉	何 为	张珍珠	张 震	陈敏敏	岳 元
赵文江	赵银慧	胡科先	姚 亮	秦承华	贾 宇
夏 青	顾 涛	高晨光	董艳平	董 鑫	翟小娟

序

　　生态环境是关系党的使命宗旨的重大政治问题，也是关系民生的重大社会问题。党中央、国务院高度重视生态环境保护工作，党的十八大将生态文明建设作为中国特色社会主义事业"五位一体"总体布局的重要组成部分，党的十九大报告全面阐述了加快生态文明体制改革、推进绿色发展、建设美丽中国的战略部署，党的二十大报告明确指出全面实行排污许可制，健全现代环境治理体系。习近平生态文明思想开启了新时代生态环境保护工作的新阶段，习近平总书记在全国生态环境保护大会上指出生态文明建设是关乎中华民族永续发展的根本大计。党的十八大以来，党中央以前所未有的力度抓生态文明建设，全党全国推动绿色发展的自觉性和主动性显著增强，美丽中国建设迈出重大步伐，我国生态环境保护发生历史性、转折性、全局性变化。

　　生态环境部组建以来，统一行使生态和城乡各类污染排放监管与行政执法职责，提高污染排放标准，强化排污者责任，健全环保信用评价、信息强制性披露、严惩重罚等制度，形成了政府为主导、企业为主体、社会组织和公众共同参与的环境治理体系。生态环境监测是生态环境保护工作的重要基础，是环境管理的基本手段。我国相关法律法规中明确要求排污单位对自身排污状况开展监测，排污单位开展自行监测是法定的责任和义务。

为规范和指导排污单位开展自行监测工作，生态环境部发布了一系列排污单位自行监测技术指南。同时，为让各级生态环境主管部门和排污单位更好地应用技术指南，生态环境部生态环境监测司组织中国环境监测总站等单位编写了排污单位自行监测技术指南教程系列图书，将排污单位自行监测技术指南分类解析，既突出对理论的解读，又兼顾实践的应用，具有很强的指导意义。本系列图书既可以作为各级生态环境主管部门、研究机构、企事业单位环境监测人员的工作用书和培训教材，还可以作为大众学习的科普图书。

自行监测数据承载了大量污染排放和治理信息，是生态环保大数据重要的信息源，是排污许可证申请与核发等新时期环境管理的有力支撑。随着生态环境质量的不断改善、环境管理的不断深化，排污单位自行监测制度也将不断完善和改进。希望本系列图书的出版能为提高排污单位自行监测管理水平、落实企业自行监测主体责任发挥重要作用，为深入打好污染防治攻坚战做出应有的贡献。

编　者

2024 年 10 月

前　言

　　1972 年以来，我国生态环境保护工作从最初的意识启蒙阶段，经历了环境污染蔓延和加剧期的规模化、综合化治理，主要污染物总量控制等阶段，逐渐发展到以环境质量改善为核心的环境保护思路上来。为顺应生态环境保护工作的发展趋势，进一步规范企事业单位和其他生产经营者的排污行为，控制污染物排放，2016 年以来，我国实施以排污许可制度为核心的固定污染源管理制度，在政府部门监督/执法监测的基础上，强化了排污单位自行监测要求，排污单位自行监测成为污染源监测的重要组成部分。

　　排污单位自行监测是排污单位依据相关法律、法规和技术规范对自身的排污状况开展监测的一系列活动。《中华人民共和国环境保护法》《中华人民共和国大气污染防治法》《中华人民共和国水污染防治法》《中华人民共和国土壤污染防治法》《中华人民共和国固体废物污染环境防治法》《中华人民共和国噪声污染防治法》《中华人民共和国环境保护税法》《排污许可管理条例》都对排污单位的自行监测提出了明确要求。排污单位开展自行监测是法律赋予的责任和义务，也是排污单位自证守法、自我保护的重要手段和途径。

　　为规范和指导陆上石油天然气开采工业排污单位开展自行监测，2022 年 4 月，生态环境部颁布了《排污单位自行监测技术指南　陆上石油天然气开采工业》（HJ 1248—2022）（以下简称《陆上石油天然气开采工业指南》）。为进一步规范排污单位自行监测行为，提高自行监测质量，在生态环境部生态环境监测司的指导下，中国环境监测总站和中国石油集团安全环保技术研究院有限公司共同编写了《排污单位自行监测技术指南教程——陆上石油天然气开采工业》。本书共分为 13 章。第 1 章从我国污染源监测的发展历程及管理框架出发，引出了排污单位自行监测在当前污染源监测管理中的定位及一些管理规定，并理顺了《排污单位自行监测技术指南　总则》（HJ 819—2017）与行业自行监测技术指南体系的关系。第 2 章主要介绍了排污单位开展自行监测的一般要求，从监测方案、监测设施、开展自行监测的要求、监测质量保证与质量控制及记录和保存监测数据 5 个方面进行了概述。第 3 章在分析目前陆上石油天然气开采行业概况和发展趋势的基础上，对陆上石油天然气开采的生产工艺及产排污节点进行了分析，并简要介绍了陆上石油天然气开采行业采用的一些常用污染治理技术。第 4 章对《陆上石油天然气开采工业指南》自行监测方案中各监测点位、监测指标、监测频次、监测要求等如何设定进行了解释说明，选取了两个典型案例进行分析，为排污单位制定规范的自行监测方案提供了指导，并在附录中给出了参考模板。第 5 章简要介绍了开展监测时，排污口、监测平台、自动监测设施等监测设施的设置和维护要求。第 6 章和第 8 章分别对《陆上石油天然气开采工业指南》中废水、废气所涉及的监测指标如何采样、监测分析及注意事项逐一介绍。第7章和第9章分别对废水、废气自动监测系统设备安装、调试、验收、运行管理及质量保证5个方面进行了介绍。第10章简要介绍了根据《陆上石油天然气开采工业指南》开展厂界环境噪声、地表水、近岸海域海水、地下水和土壤等周边环境质量监测时的基本要求和注意事项。第11章从实验室体系管理角度出发，从"人、机、料、法、环"等环节对监测的质量保证和质量控制进行了简要概述，为提高自行监测数据质量奠定了基础。第12章介绍了自行监测信息记录、报告及信息公开方面的相关要求，并对陆上石油天然气开采工业排污单位生产、运行等过程中的记录信息进行了梳理。第13章简要介绍了全国污染源监测数据管理与共享系统的总体架构和主要功能，为排污单位自行监测数据报送提供了方便。

　　本书在附录中列出了与自行监测相关的标准规范，以方便排污单位在使用时查询。另外，本书还给出了一些记录样表和自行监测方案模板，为排污单位提供参考。

编　者

2024 年 10 月

目　录

第1章 排污单位自行监测定位与管理要求

　　污染源监测作为环境监测的重要组成部分，与我国环境保护工作同步发展，40多年来不断发展壮大，现已基本形成排污单位自行监测、管理部门监督/执法监测、社会公众监督的框架。排污单位自行监测是国家治理体系和治理能力现代化发展的需要，是排污单位应尽的社会责任，是法律明确要求的义务，也是排污许可制度的重要组成部分。我国关于排污单位自行监测的管理规定有很多，从不同层级和角度对排污单位进行了详细规定。为了保证排污单位自行监测制度的实施，指导和规范排污单位自行监测行为，我国制定了排污单位自行监测技术指南体系。《排污单位自行监测技术指南　陆上石油天然气开采工业》（HJ 1248—2022）（以下简称《陆上石油天然气开采工业指南》）是其中的一个行业技术指南，是按照《排污单位自行监测技术指南　总则》（HJ 819—2017）（以下简称《总则》）的要求和有关管理规定要求制定的，用于指导陆上石油天然气开采工业排污单位开展自行监测活动。

　　本章围绕排污单位自行监测定位和管理要求，对排污单位自行监测在我国污染源监测管理制度中的定位、排污单位自行监测管理要求、排污单位自行监测技术指南的定位及总体思路进行介绍。

1.1 我国污染源监测管理框架

1972 年以来，我国环境保护工作经历了环境保护意识启蒙阶段（1972—1978 年）、环境污染蔓延和环境保护制度建设阶段（1979—1992 年）、环境污染加剧和规模化治理阶段（1993—2001 年）、环保综合治理阶段（2002—2012 年）。集中的污染治理，尤其是严格的主要污染物总量控制，有效遏制了环境质量恶化的趋势，但仍未实现环境质量的全面改善。"十三五"以来，我国环境保护思路转向以环境质量改善为核心。

与环境保护工作相适应，我国环境监测大致经历了 3 个阶段：第一阶段是污染调查监测与研究性监测阶段，第二阶段是污染源监测与环境质量监测并重阶段，第三阶段是环境质量监测与污染源监督监测阶段。

根据污染源监测在环境管理中的地位和实施情况，将污染源监测划分为 3 个阶段：严格的总量控制制度之前（"十一五"之前），污染源监测主要服务于工业污染源调查和环境管理"八项制度"；严格的总量控制制度时期（"十一五"和"十二五"），污染源监测围绕总量控制制度开展总量减排监测；以环境质量改善为核心阶段时期（"十三五"以来），污染源监测主要服务于环境保护执法和排污许可制实施。

目前我国基本形成了排污单位自行监测、生态环境主管部门依法监管、社会公众监督的污染源监测管理框架（图 1-1），2021 年 3 月 1 日正式实施的《排污许可管理条例》，从法律层面确立了以排污许可制为核心的固定污染源监管制度体系，进一步完善了排污单位以自行监测为主线、政府监督监测为抓手、鼓励社会公众广泛参与的污染源监测管理模式。排污单位开展自行监测，按要求向生态环境主管部门报告，向社会公众进行公开，同时接受生态环境主管部门的监管和社会公众的监督。生态环境主管部门向社会公众公布相关信息的同时受理社会公众有关情况的举报。

图 1-1　污染源监测管理框架

1.1.1　排污单位开展自行监测，并按照要求进行信息公开

近年来，我国大力推进排污单位自行监测和信息公开，《中华人民共和国环境保护法》《中华人民共和国大气污染防治法》《中华人民共和国水污染防治法》《中华人民共和国环境保护税法》《中华人民共和国土壤污染防治法》《中华人民共和国固体废物污染环境防治法》《中华人民共和国噪声污染防治法》等相关法律中均明确了排污单位自行监测和信息公开的责任。

在具体的生态环境管理制度上，多项制度将排污单位自行监测和信息公开的责任进行落实和明确。2013 年，环境保护部发布了《国家重点监控企业自行监测及信息公开办法（试行）》，将国家重点监控企业自行监测和信息公开率先作为主要污染物总量减排考核的一项指标。2016 年 11 月，国务院办公厅印发了《控制污染物排放许可制实施方案》（国办发〔2016〕81 号），提出控制污染物排放许可制的一项基本原则为："权责清晰，强化监管。排污许可证是企事业单位在生产运营期接受环境监管和环境保护部门实施监管的主要法律文书。企事业单位依法申领排污许可证，按证排污，自证守法。环境保护部门基于企事业单位守法承诺，依法发放排污许可证，依证强化事中事后监管，对违法排污行为实施严厉打击。"

1.1.2　生态环境主管部门组织开展监督/执法监测，实现测管协同

随着各项法律明确了排污单位自行监测的主体地位，管理部门的监测活动更

加聚焦于监督和执法。《生态环境监测网络建设方案》（国办发〔2015〕56 号）要求："实现生态环境监测与执法同步。各级环境保护部门依法履行对排污单位的环境监管职责，依托污染源监测开展监管执法，建立监测与监管执法联动快速响应机制，根据污染物排放和自动报警信息，实施现场同步监测与执法。"

《生态环境监测规划纲要（2020—2035 年）》（环监测〔2019〕86 号）（以下简称《纲要》）提出：构建"国家监督、省级统筹、市县承担、分级管理"格局。落实自行监测制度，强化自行监测数据质量监督检查，督促排污单位规范监测、依证排放，实现自行监测数据真实可靠。建立完善监督制约机制，各级生态环境部门依法开展监督监测和抽查抽测。为落实《纲要》要求，各级生态环境主管部门按照"双随机、一公开"的原则，组织开展执法监测。通过排污单位证后监测监管，加强对排污单位自行监测数据质量和排放状况的监督，指导排污单位自行监测工作的改进，从而更好地提升排污单位自行监测水平。

《关于进一步加强固定污染源监测监督管理的通知》（环办监测〔2023〕5 号）进一步提出，坚持精准治污、科学治污、依法治污，以固定污染源排污许可制为核心，构建排污单位依证监测、政府依法监管、社会共同监督的固定污染源监测监督管理的新格局，为深入打好污染防治攻坚战提供有力支持。

1.1.3 社会公众参与监督，合力提升污染源监测质量

我国污染源量大面广，仅靠生态环境主管部门的监督远远不够，因此只有发动群众、实现全民监督，才能使违法排污行为无处遁形。2014 年修订的《中华人民共和国环境保护法》更加明确地赋予了公众环保知情权和监督权："公民、法人和其他组织依法享有获取环境信息、参与和监督环境保护的权利。各级人民政府环境保护主管部门和其他负有环境保护监督管理职责的部门，应当依法公开环境信息、完善公众参与程序，为公民、法人和其他组织参与和监督环境保护提供便利。"

排污单位通过各种方式公开自行监测结果，包括依托排污许可制度及平台、依托地方污染源监测信息公开渠道、通过本单位官方网站和现场环保信息公示牌

等。生态环境主管部门监督/执法监测结果也依托排污许可制度及平台、依托地方
污染源监测信息公开渠道等方式进行公开。社会公众可通过关注各类监测数据对
排污单位及管理部门进行监督，督促排污单位和管理部门提高数据质量。

1.2　排污单位自行监测的定位

1.2.1　开展自行监测是构建政府、企业、社会共治的环境治理体系的需要

（1）构建现代环境治理体系的重大意义和总体要求

生态环境治理体系和治理能力现代化是生态环境保护工作推进的基础支撑。
2018 年 5 月，习近平总书记在全国生态环境保护大会上强调，要加快建立健全以
治理体系和治理能力现代化为保障的生态文明制度体系，确保到 2035 年，生态环境
领域国家治理体系和治理能力现代化基本实现，美丽中国目标基本实现；到 21 世纪
中叶，生态环境领域国家治理体系和治理能力现代化全面实现，建成美丽中国。

党的十九大报告提出构建政府为主导、企业为主体、社会组织和公众共同参
与的环境治理体系。党的十九届四中全会将生态文明制度体系建设作为坚持和完
善中国特色社会主义制度、推进国家治理体系和治理能力现代化的重要组成部分，
强调实行最严格的生态环境保护制度，严明生态环境保护责任制度，要求健全源
头预防、过程控制、损害赔偿、责任追究的生态环境保护体系，构建以排污许可
制为核心的固定污染源监管制度体系，完善污染防治区域联动机制和陆海统筹的
生态环境治理体系。2020 年 3 月，中共中央办公厅、国务院办公厅印发了《关于
构建现代环境治理体系的指导意见》，提出建立健全环境治理的领导责任体系、企
业责任体系、全民行动体系、监管体系、市场体系、信用体系、法律法规政策体
系的具体要求。党的二十大报告提出深入推进环境污染防治，坚持精准治污、科
学治污、依法治污，全面实行排污许可制，健全现代环境治理体系。

构建现代环境治理体系，是深入贯彻习近平生态文明思想和全国生态环境保护大会精神的重要举措，是持续加强生态环境保护、满足人民日益增长的优美生态环境需要、建设美丽中国的内在要求，是完善生态文明制度体系、推动国家治理体系和治理能力现代化的重要内容，还将充分展现生态环境治理的中国智慧、中国方案和中国贡献，对全球生态环境治理进程产生重要影响。

坚决落实构建现代环境治理体系，要把握构建现代环境治理体系的总体要求。以习近平新时代中国特色社会主义思想为指导，深入贯彻习近平生态文明思想，坚定不移贯彻新发展理念，以坚持党的集中统一领导为统领，以强化政府主导作用为关键，以深化企业主体作用为根本，以更好动员社会组织和公众共同参与为支撑，实现政府治理和社会调节、企业自治良性互动，完善体制机制，强化源头治理，形成工作合力。

（2）对排污单位自行监测的要求

污染源监测是污染防治的重要支撑，需要各方共同参与。为适应环境治理体系变革的需要，自行监测应发挥相应的作用，补齐短板，提供便利，为社会共治提供条件。

应改变传统生态环境治理模式中污染治理主体监测缺位现象。长期以来，污染源监测以政府部门监督性监测为主，尤其在"十一五""十二五"总量减排时期，监督性监测得到快速发展，每年对国家重点监控企业按季度开展主要污染物监测，而排污单位在污染源监测中严重缺位。2013年，为了解决单纯依靠环境保护部门有限的人力和资源难以全面掌握企业污染源状况的问题，环境保护部组织编制了《国家重点监控企业自行监测及信息公开办法（试行）》，大力推进企业开展自行监测。2014年以来，多部生态环境保护相关法律明确了排污单位自行监测的责任和要求。但是，自行监测数据的法定地位以及如何在环境管理中应用并没有明确，自行监测数据在环境管理中的应用更是不足，并没有从根本上解决排污单位在环境治理体系中监测缺位的问题。新的环境治理体系应改变这一现状，使自行监测数据得到充分应用，这样才能保持多方参与的生命力和活力。

为公众提供便于获取、易于理解的自行监测信息。公众是社会共治环境治理体系的重要主体，公众参与的基础是及时获取信息，自行监测数据是反映排放状况的重要信息。社会的变革为公众参与提供了外在便利条件，为了提高自行监测在环境治理体系中的作用，要充分利用自媒体、社交媒体等各种先进、便利的条件，为公众提供便于获取、易于理解的自行监测数据和基于数据加工而成的相关信息，为公众高效参与提供重要依据。

1.2.2　开展自行监测是社会责任和法定义务

企业是生产活动的组织者和实施者，是社会财富的创造者，企业在追求自身利润的同时，向社会提供了产品，满足了人民的日常所需，推进了社会的进步。当然，在当代社会，由于企业是社会中普遍存在的社会经济组织，其数量众多、类型各异、存在范围广、对社会影响大。在这种情况下，社会的发展不仅要求企业承担生产经营和创造财富的义务，还要求其承担环境保护、社区建设和消费者权益维护等多方面的责任，这也是企业的社会责任。企业社会责任具有道义责任的属性和法律义务的属性。法律作为一种调整人们行为的规则，其调整作用是通过设置权利义务实现的。因而，法律义务并非一种道义上的宣示，其有具体的、明确的规则指引人的行为。基于此，企业社会责任一旦进入环境法视域，即被分解为具体的法律义务。

企业开展排污状况自行监测是法定的责任和义务。《中华人民共和国环境保护法》第四十二条明确提出，"重点排污单位应当按照国家有关规定和监测规范安装使用监测设备，保证监测设备正常运行，保存原始监测记录"；第五十五条要求，"重点排污单位应当如实向社会公开其主要污染物的名称、排放方式、排放浓度和总量、超标排放情况，以及防治污染设施的建设和运行情况，接受社会监督"。《中华人民共和国大气污染防治法》《中华人民共和国水污染防治法》《中华人民共和国环境保护税法》《中华人民共和国土壤污染防治法》《中华人民共和国固体废物污染环境防治法》等相关法律中也有排污单位自行监测的相关要求。

1.2.3　开展自行监测是自证守法和自我保护的重要手段和途径

排污许可制度是固定污染源核心管理制度，其明确了排污单位自证守法的权利和责任，排污单位可以通过以下途径进行"自证"。一是依法开展自行监测，保证数据合法有效，妥善保存原始记录；二是建立准确完整的环境管理台账，记录能够证明其排污状况的相关信息，形成一套完整的证据链；三是定期、如实向生态环境部门报告排污许可证执行情况。可以看出，自行监测贯穿自证守法的全过程，是自证守法的重要手段和途径。

首先，排污单位被允许在标准限值下排放污染物，排放状况应该透明公开且合规。随着管理模式的改变，管理部门不对企业全面开展监测，仅对企业进行抽查抽测。排污单位对排放状况进行说明时，需要开展自行监测。

其次，一旦出现排污单位向管理部门出具的监测数据或其他证明材料被质疑的情况，或者排污单位对公众举报等相关信息提出异议时，就需要出具自身排污状况的相关材料进行证明，而自行监测数据是非常重要的证明材料。

最后，自行监测可以对自身排污状况定期监控，也可以对周边环境质量影响进行监测，及时掌握实际排污状况和对周边环境质量的影响，了解周边环境质量的变化趋势和承受能力，可以及时识别潜在环境风险，以便提前应对，避免引起更大的、无法挽救的环境事故或对人民群众、生态环境和排污单位自身造成巨大损害和损失。

1.2.4　开展自行监测是排污许可制度的重要组成部分

《控制污染物排放许可制实施方案》（国办发〔2016〕81 号）明确了排污单位应实行自行监测和定期发布报告。《排污许可管理条例》第十九条规定："排污单位应当按照排污许可证规定和有关标准规范，依法开展自行监测，并保存原始监测记录。原始监测记录保存期限不得少于 5 年。排污单位应当对自行监测数据的真实性、准确性负责，不得篡改、伪造。"

因此，自行监测既是有明确法律法规要求的一项管理制度，也是固定污染源基础与核心管理制度——排污许可制度的重要组成部分。

1.2.5　开展自行监测是精细化管理与大数据时代信息输入与信息产品输出的需要

随着环境管理向精细化发展，强化数据应用、根据数据分析识别潜在的环境问题，作出更加科学精准的环境管理决策是环境管理面临的重大命题。大数据时代信息化水平的提升，为监测数据的加工分析提供了条件，也对数据输入提出了更高要求。

自行监测数据承载了大量污染排放和治理信息，然而这些信息长期以来并没有得到充分的收集和利用，这是生态环境大数据中缺失的一项重要信息源。通过收集各类污染源长时间的监测数据，对同类污染源监测数据进行统计分析，可以更全面地判定污染源的实际排放水平，从而为制定排放标准和产排污系数提供科学依据。另外，通过监测数据与其他数据的关联分析，还可获得更多、更有价值的信息，为环境管理提供更有力的支撑。

1.3　排污单位自行监测的管理规定

我国现行法律法规、管理办法中有很多涉及排污单位自行监测的管理规定，具体见表 1-1。

表 1-1　我国现行与排污单位自行监测相关的法律法规和管理规定

名称	颁布机关	实施时间	主要相关内容
《中华人民共和国海洋环境保护法》	全国人民代表大会常务委员会	2024 年 1 月 1 日	规定了排污单位应当依法公开排污信息
《中华人民共和国水污染防治法》	全国人民代表大会常务委员会	2008 年 6 月 1 日	规定了实行排污许可管理的企业事业单位和其他生产经营者应当对所排放的水污染物自行监测，并保存原始监测记录，排放有毒有害水污染物的还应开展周边环境监测，上述条款均设有对应罚则

名称	颁布机关	实施时间	主要相关内容
《中华人民共和国环境保护法》	全国人民代表大会常务委员会	2015年1月1日	规定了重点排污单位应当安装使用监测设备，保证监测设备正常运行，保存原始监测记录，并进行信息公开
《中华人民共和国大气污染防治法》	全国人民代表大会常务委员会	2016年1月1日	规定了企业事业单位和其他生产经营者应当对大气污染物进行监测，并保存原始监测记录
《中华人民共和国环境保护税法》	全国人民代表大会常务委员会	2018年1月1日	规定了纳税人按季度申报缴纳时，向税务机关报送所排放应税污染物浓度值
《中华人民共和国土壤污染防治法》	全国人民代表大会常务委员会	2019年1月1日	规定了土壤污染重点监管单位应制定、实施自行监测方案，并将监测数据报生态环境主管部门
《中华人民共和国固体废物污染环境防治法》	全国人民代表大会常务委员会	2020年9月1日	规定了产生、收集、贮存、运输、利用、处置固体废物的单位，应当依法及时公开固体废物污染环境防治信息，主动接受社会监督。生活垃圾处理单位应当按照国家有关规定，安装使用监测设备，实时监测污染物的排放情况，将污染排放数据实时公开。监测设备应当与所在地生态环境主管部门的监控设备联网
《中华人民共和国刑法修正案（十一）》	全国人民代表大会常务委员会	2021年3月1日	规定了环境监测造假的法律责任
《中华人民共和国噪声污染防治法》	全国人民代表大会常务委员会	2022年6月5日	规定了实行排污许可管理的单位应当按照规定，对工业噪声开展自行监测，保存原始监测记录，向社会公开监测结果，对监测数据的真实性和准确性负责。噪声重点排污单位应当按照国家规定，安装、使用、维护噪声自动监测设备，与生态环境主管部门的监控设备联网
《城镇排水与污水处理条例》	国务院	2014年1月1日	规定了排水户应按照国家有关规定建设水质、水量检测设施
《中华人民共和国环境保护税法实施条例》	国务院	2018年1月1日	规定了未安装自动监测设备的纳税人，自行对污染物进行监测且所获取的监测数据符合国家有关规定和监测规范的，视同监测机构出具的监测数据，可作为计税依据

名称	颁布机关	实施时间	主要相关内容
《排污许可管理条例》	国务院	2021 年 3 月 1 日	规定了持证单位自行监测责任，管理部门依证监管责任
《最高人民法院最高人民检察院关于办理环境污染刑事案件适用法律若干问题的解释》	最高人民法院、最高人民检察院	2023 年 8 月 15 日	规定了重点排污单位篡改、伪造自动监测数据或者干扰自动监测设施的视为严重污染环境，并依据《中华人民共和国刑法》的有关规定予以处罚
《环境监测管理办法》	环境保护总局	2007 年 9 月 1 日	规定了排污者必须按照国家及技术规范的要求，开展排污状况自我监测；不具备环境监测能力的排污者，应当委托环境保护部门所属环境监测机构或者经省级环境保护部门认定的环境监测机构进行监测
《污染源自动监控设施现场监督检查办法》	环境保护部	2012 年 4 月 1 日	规定了：①排污单位或运营单位应当保证自动监测设备正常运行；②污染源自动监控设施发生故障停运期间，排污单位或者运营单位应当采用手工监测等方式，对污染物排放状况进行监测，并报送监测数据
《关于加强污染源环境监管信息公开工作的通知》	环境保护部	2013 年 7 月 12 日	规定了各级环保部门应积极鼓励引导企业进一步增强社会责任感，主动自愿公开环境信息。同时严格督促超标或者超总量的污染严重企业，以及排放有毒有害物质的企业主动公开相关信息，对不依法主动公布或不按规定公布的要依法严肃查处
《关于印发〈国家重点监控企业自行监测及信息公开办法（试行）〉和〈国家重点监控企业污染源监督性监测及信息公开办法（试行）〉的通知》	环境保护部	2014 年 1 月 1 日	规定了企业开展自行监测及信息公开的各项要求，包括自行监测内容、自行监测方案，对手工监测和自动监测两种方式开展的自行监测分别提出了监测频次要求，自行监测记录内容，自行监测年度报告内容，自行监测信息公开的途径、内容及时间要求等

名称	颁布机关	实施时间	主要相关内容
《环境保护主管部门实施限制生产、停产整治办法》	环境保护部	2015 年 1 月 1 日	规定了被限制生产的排污者在整改期间按照环境监测技术规范进行监测或者委托有条件的环境监测机构开展监测，保存监测记录，并上报监测报告
《生态环境监测网络建设方案》	国务院办公厅	2015 年 7 月 26 日	规定了重点排污单位必须落实污染物排放自行监测及信息公开的法定责任，严格执行排放标准和相关法律法规的监测要求
《关于支持环境监测体制改革的实施意见》	财政部、环境保护部	2015 年 11 月 2 日	规定了落实企业主体责任，企业应依法自行监测或委托社会化检测机构开展监测，及时向环保部门报告排污数据，重点企业还应定期向社会公开监测信息
《关于加强化工企业等重点排污单位特征污染物监测工作的通知》	环境保护部	2016 年 9 月 20 日	规定了：①化工企业等排污单位应制定自行监测方案，对污染物排放及周边环境开展自行监测，并公开监测信息；②监测内容应包含排放标准的规定项目和涉及的列入污染物名录库的全部项目；③监测频次，自动监测的应全天连续监测，手工监测的，废水特征污染物监测每月开展一次，废气特征污染物监测每季度开展一次，周边环境监测按照环评及其批复执行，可根据实际情况适当增加监测频次
《控制污染物排放许可制实施方案》	国务院办公厅	2016 年 11 月 10 日	规定了企事业单位应依法开展自行监测，安装或使用的监测设备应符合国家有关环境监测、计量认证规定和技术规范，建立准确完整的环境管理台账，安装在线监测设备的应与环境保护部门联网
《关于实施工业污染源全面达标排放计划的通知》	环境保护部	2016 年 11 月 29 日	规定了：①各级环保部门应督促、指导企业开展自行监测，并向社会公开排放信息；②对超标排放的企业要督促其开展自行监测，加大对超标因子的监测频次，并及时向环保部门报告；③企业应安装和运行污染源在线监控设备，并与环保部门联网

名称	颁布机关	实施时间	主要相关内容
《关于深化环境监测改革　提高环境监测数据质量的意见》	中共中央办公厅、国务院办公厅	2017 年 9 月 21 日	规定了环境保护部要加快完善排污单位自行监测标准规范；排污单位要开展自行监测，并按规定公开相关监测信息，对弄虚作假行为要依法处罚；重点排污单位应当建设污染源自动监测设备，并公开自动监测结果
《企业环境信息依法披露管理办法》	生态环境部	2022 年 2 月 8 日	规定了企业（包括重点排污单位）应当依法披露环境信息，包括企业自行监测信息等
《关于加强排污许可执法监管的指导意见》	生态环境部	2022 年 3 月 28 日	规定了排污单位应当提高自行监测质量。确保申报材料、环境管理台账记录、排污许可证执行报告、自行监测数据的真实、准确和完整，依法如实在全国排污许可证管理信息平台上公开信息，不得弄虚作假，自觉接受监督
《污染物排放自动监测设备标记规则》	生态环境部	2022 年 7 月 19 日	排污单位应当按照相关自动监测数据标记规则对产生自动监测数据的相应时段进行标记。排污单位是审核确认自动监测数据有效性的责任主体，应当按照《设备标记规则》确认自动监测数据的有效性。排污单位的自动监测数据向社会公开时，数据标记内容应当同时公开
《环境监管重点单位名录管理办法》	生态环境部	2023 年 1 月 1 日	环境监管重点单位应当依法履行自行监测、信息公开等生态环境法律义务，采取措施防治环境污染，防范环境风险
《关于进一步加强固定污染源监测监督管理的通知》	生态环境部	2023 年 3 月 8 日	规定了生态环境部门要加强排污单位自行监测监管，督促持证排污单位按照排污许可证要求，规范开展自行监测，并公开监测结果；督促重点排污单位、实行排污许可重点管理的排污单位，依法依规安装运维自动监测设备，并与生态环境部门联网；强化排污许可管理、环境监测、环境执法联动，形成管理闭环

注：截至 2025 年 1 月 1 日。

1.4 排污单位自行监测技术指南的定位

1.4.1 排污许可制度配套的技术支撑文件

排污许可制度是各国普遍采用的控制污染的法律制度。从美国等发达国家实施排污许可制度的经验来看，监督检查是排污许可制度实施效果的重要保障；污染源监测是监督检查的重要组成部分和基础；自行监测是污染源监测的主体形式，其管理备受重视，并作为重要的内容在排污许可证中载明。

我国当前推行的排污许可制度明确了企业应"自证守法"，其中自行监测是排污单位自证守法的重要手段和方法。只有在特定监测方案和要求下的监测数据才能够支撑排污许可"自证"的要求。因此，在排污许可制度中，自行监测要求是不可或缺的一部分。

重点排污单位自行监测法律地位得到明确，自行监测制度初步建立，而自行监测的有效实施还需要有配套的技术文件作为支撑，排污单位自行监测技术指南是基础且重要的技术指导性文件。因此，制定排污单位自行监测技术指南是落实相关法律法规的需要。

1.4.2 对现有标准和管理文件中关于排污单位自行监测规定的补充

对每个排污单位来说，生产工艺产生的污染物、不同监测点位执行排放标准和控制指标、环评报告要求的内容都有不同情况及独特内容。虽然各种监测技术标准与规范已从不同角度对排污单位的监测内容做出了规定，但不够全面。

为提高监测效率，应针对不同排放源污染物排放特性确定监测要求。监测是污染排放监管不可或缺的技术支撑，具有重要的意义，但是监测是需要成本的，应在监测效果和成本间寻找合理的平衡点。"一刀切"的监测要求必然会造成部分排放源监测要求过高，从而造成浪费；或者对部分排放源要求过低，从而达不到监管要求。因此，需要专门的技术文件，从排污单位监测要求进行系统分析和设计，使监测更精细化，从而提高监测效率。

1.4.3　对排污单位自行监测行为指导和规范的技术要求

我国自 2014 年以来开始推行《国家重点监控企业自行监测及信息公开办法（试行）》，从实施情况来看存在诸多问题，需要加强对排污单位自行监测行为的指导和规范。

与环境质量监测相比，污染源监测涉及的行业较多，监测内容更复杂。我国目前仅国家污染物排放标准就有近 200 项，且数量还在持续增加；省级人民政府依法制定并报生态环境部备案的地方污染物排放标准总数也有 100 多项，数量也在不断增加。排放标准中的控制项目种类繁杂，水污染物、气污染物均在 100 项以上。

由于国家发布的有关规定必须有普适性和原则性的特点，因此排污单位在开展自行监测过程中如何结合企业具体情况，合理确定监测点位、监测项目和监测频次等实际问题上存在诸多疑问。

生态环境部在对全国各地区自行监测及信息公开平台的日常监督检查及现场检查等工作中发现，部分排污单位自行监测方案的内容、监测数据的质量稍差，存在监测点位未包括全部污染源排放口、监测点位设置不合理、监测项目仅涉及主要污染物、随意设置排放标准限值、自行监测数据弄虚作假等问题。为解决排污单位开展自行监测过程中遇到的问题，需要进一步加强对排污单位自行监测的工作指导和行为规范，建立和完善排污单位自行监测相关规范内容，因此有必要制定自行监测技术指南，将自行监测要求进一步明确和细化。

1.5 行业技术指南在自行监测技术指南体系中的定位和制定 思路

1.5.1 自行监测技术指南体系

排污单位自行监测技术指南体系以《总则》为统领，包括一系列重点行业排污单位自行监测技术指南、若干通用工序自行监测技术指南以及 1 个环境要素自行监测技术指南，共同组成排污单位自行监测技术指南体系，见图 1-2。

图 1-2 排污单位自行监测技术指南体系

《总则》在排污单位自行监测技术指南体系中属于纲领性的文件，起到统一思路和要求的作用。第一，对行业技术指南总体性原则进行规定，是行业技术指南的参考性文件；第二，对于行业技术指南中必不可少，但要求比较一致的内容，可以在《总则》中体现，在行业技术指南中加以引用，既保证一致性，也减少重复；第三，对于部分污染差异大、企业数量少的行业，单独制定行业技术指南意义不大，这类行业排污单位可以参照《总则》开展自行监测。行业技术指南未发布的，也应参照《总则》开展自行监测。

1.5.2　行业排污单位自行监测技术指南是对《总则》的细化

行业排污单位自行监测技术指南是在《总则》的统一原则要求下，考虑该行业企业所有废水、废气、噪声污染源的监测活动，在指南中进行统一规定。行业排污单位自行监测技术指南的核心内容包括以下两个方面：

（1）明确行业的监测方案。首先明确行业的主要污染源、各污染源的主要污染因子。针对各污染源的各污染因子提出监测方案设置的基本要求，包括监测点位、监测指标、监测频次、监测技术等。

（2）明确数据记录、报告和公开要求。根据行业特点，参照各参数或指标与校核污染物排放的相关性，提出监测相关数据记录要求。

除了行业技术指南中规定的内容，还应执行《总则》的要求。

1.5.3　陆上石油天然气开采工业自行监测技术指南制定原则与思路

1.5.3.1　以《总则》为指导，根据行业特点进行细化

《陆上石油天然气开采工业指南》的主体内容以《总则》为指导，根据《总则》中确定的基本原则和方法，在对陆上石油天然气开采工业产排污环节进行分析的基础上，结合陆上石油天然气开采企业实际的排污特点，将陆上石油天然气开采工业监测方案、信息记录的内容具体化和明确化。

1.5.3.2　以污染物排放标准为基础，全指标覆盖

污染物排放标准规定的内容是行业自行监测技术指南制定的重要基础。在确定污染物指标时，《陆上石油天然气开采工业指南》主要以当前实施的、适用陆上石油天然气开采工业的污染物排放标准为依据。同时，根据实地调研以及相关数

据分析结果，对实际排放的或地方实际监管的污染物指标进行适当的考虑，在标准中列明，但标明为选测，或由排污单位根据实际监测结果判定是否排放，若实际生产中排放，则应进行监测。

1.5.3.3 以满足排污许可制度实施为主要目标

《陆上石油天然气开采工业指南》的制定以能够满足支撑陆上石油天然气开采工业排污单位排污许可制度实施为主要目标。

由于陆上石油天然气开采工业以及排污单位原辅料和生产工艺不同，实际存在的废气排放源差异较大，有些类型的废气排放源仅在少数陆上石油天然气开采企业中存在，目前，陆上石油天然气开采工业没有对应的行业排污许可证申请与核发技术规范，相关要求均执行通用工序的技术规范。《陆上石油天然气开采工业指南》以排放标准为技术依据，对常规的废气排放源监测点位、监测指标、监测频次进行了规定。

排污许可制度对主要污染物提出排放量许可限值，对其他污染物仅有浓度限值要求。为了支撑排污许可制度实施对排放量核算的需求，有排放量许可限值的污染物，监测频次一般高于其他污染物。

第 2 章　自行监测的一般要求

按照开展自行监测活动的一般流程，排污单位应查清本单位的污染源、污染物指标及潜在的环境影响，制定监测方案，设置和维护监测设施，按照监测方案开展自行监测，做好质量保证和质量控制，记录和保存监测数据，依法向社会公开监测结果。

本章围绕排污单位自行监测流程中的关键节点，对其中的关键问题进行介绍。制定监测方案时，应重点保证监测内容、监测指标、监测频次的全面性和科学性，确保监测数据的代表性，这样才能全面反映排污单位的实际排放状况；设置和维护监测设施时，应能够满足监测要求，同时为监测的开展提供便利条件；自行监测开展过程中，应根据本单位实际情况自行监测或者委托有资质的单位开展监测，所有监测活动要严格按照监测技术规范执行；开展监测的过程中，应做好质量保证和质量控制，确保监测数据质量；监测信息记录与公开时，应保证监测过程可溯，同时按要求报送和公开监测结果，接受管理部门和公众的监督。

2.1　制定监测方案

2.1.1　自行监测内容

排污单位自行监测不仅限于污染物排放监测，还应围绕本单位污染物排放状况、污染治理情况、对周边环境质量影响监测状况确定监测内容。但考虑排污单位自行监测的实际情况，排污单位可根据管理要求，逐步开展自行监测。

2.1.1.1　污染物排放监测

污染物排放监测是排污单位自行监测的基本要求，包括废气污染物、废水污染物和噪声污染监测。废气污染物监测包括对有组织排放废气污染物和无组织排放废气污染物的监测。废水污染物监测可根据废水对水环境的影响程度来确定，而废水对水环境的影响程度主要取决于排放去向，包括直接排入环境（直接排放）和排入公共污水处理系统（间接排放）两种方式。噪声污染监测一般是指厂界环境噪声监测。

2.1.1.2　周边环境质量影响监测

排污单位应根据自身排放状况对周边环境质量的影响开展周边环境质量影响状况监测，从而掌握自身排放状况对周边环境质量影响的实际情况和变化趋势。

《中华人民共和国大气污染防治法》第七十八条规定，排放前款名录中所列有毒有害大气污染物的企业事业单位，应当按照国家有关规定建设环境风险预警体系，对排放口和周边环境定期进行监测，评估环境风险，排查环境安全隐患，并采取有效措施防范环境风险。《中华人民共和国水污染防治法》第三十二条规定，排放前款名录中所列有毒有害水污染物的企业事业单位和其他生产经营者，应当对排污口和周边环境进行监测，评估环境风险，排查环境安全隐患，并公开有毒有害水污染物信息，采取有效措施防范环境风险。

目前我国已发布第一批有毒有害大气污染物名录和有毒有害水污染物名录。第一批有毒有害大气污染物包括二氯甲烷、甲醛、三氯甲烷、三氯乙烯、四氯乙烯、乙醛、镉及其化合物、铬及其化合物、汞及其化合物、铅及其化合物、砷及其化合物。第一批有毒有害水污染物包括二氯甲烷、三氯甲烷、三氯乙烯、四氯乙烯、甲醛、镉及其化合物、汞及其化合物、六价铬化合物、铅及其化合物、砷及其化合物。因此，排污单位可根据本单位实际情况，自行确定监测指标和监测内容。

对于污染物排放标准、环境影响评价文件及其批复或其他环境管理制度有明确要求的，排污单位应按照要求对其周边相应的空气、地表水、地下水、土壤等环境质量开展监测。对于相关管理制度没有明确要求的，排污单位应依据《中华人民共和国大气污染防治法》《中华人民共和国水污染防治法》的要求，根据实际情况确定是否开展周边环境质量影响监测。

2.1.1.3　关键工艺参数监测

污染物排放监测需要专门的仪器设备、人力及物力，经济成本较高。污染物排放状况与生产工艺、设备参数等相关指标有一定的关联性，而对这些工艺或设备相关参数的监测，有些是生产过程中必须开展的，有些虽然不是生产过程中必须监测的指标，但开展监测相对容易，成本较低。因此，在部分排放源或污染物指标监测成本相对较高、难以实现高频次监测的情况下，可以通过对与污染物产生和排放密切相关的关键工艺参数进行测试以补充污染物排放监测数据。

2.1.1.4　污染治理设施处理效果监测

有些排放标准对污染治理设施处理效果有限值要求，这就需要通过监测结果对处理效果进行评价。另外，有些情况下，排污单位需要掌握污染处理设施的处理效果，从而可以更好地调试生产和污染治理设施。因此，污染物排放标准等环境管理文件对污染治理设施有特别要求的，或排污单位认为有必要的，应对污染治理设施处理效果进行监测。

2.1.2　自行监测方案内容

排污单位应当对本单位污染源排放状况进行全面梳理，分析潜在的环境风险，根据自行监测方案制定能够反映本单位实际排放状况的监测方案，以此作为开展自行监测的依据。

监测方案内容包括单位基本情况、监测点位及示意图、监测指标、执行标准及其限值、监测频次、采样和样品保存方法、监测分析方法和仪器、质量保证和质量控制等。

所有按照规定开展自行监测的排污单位，在投入生产或使用并产生实际排污行为之前，应完成自行监测方案的编制及相关准备工作。一旦发生排污行为，就应按照监测方案开展监测活动。

当有以下情况发生时，应变更监测方案：执行的排放标准发生变化；排放口位置、监测点位、监测指标、监测频次、监测技术中的任意一项内容发生变化；污染源、生产工艺或处理设施发生变化。

2.2　设置和维护监测设施

开展监测必须有相应的监测设施。为了保证监测活动正常开展，排污单位应按照规定设置满足开展监测所需要的设施，并定期对监测设施进行维护，保证监测设施正常运行。

2.2.1　监测设施应符合监测规范要求

开展废水、废气污染物排放监测，应保证现场设施条件符合相关监测方法或技术规范的要求，确保监测数据的代表性。因此，废水排放口、废气监测断面及监测孔的设置都有相应的要求，要保证水流、气流不受干扰且混合均匀，采样点位的监测数据能够反映监测时污染物排放的实际情况。

我国废水、废气监测相关标准规范中规定了监测设施必须满足的条件，排污单位可根据具体的监测项目，对照监测方法标准和技术规范确定监测设施的具体设置要求。《排污口规范化整治技术要求（试行）》（环监〔1996〕470号）对排污口规范化整治技术提出了总体要求，部分省（自治区、直辖市）也对其辖区排污口的规范化管理发布了技术规定和标准,对排污单位监测设施设置要求予以明确,如北京市出台的《固定污染源监测点位设置技术规范》(DB11/ 1195—2015)、山东省出台的《固定污染源废气监测点位设置技术规范》(DB37/T 3535—2019)等。中国环境保护产业协会发布的《固定污染源废气排放口监测点位设置技术规范》(T/CAEPI 46—2022),对固定污染源监测点位监测设施设置规范进行了全面规定,这也可以作为排污单位设置监测设施的重要参考。总体来说,相关标准规范对监测设施的规定比较零散、不够系统。

2.2.2　监测平台应便于开展监测活动

开展监测活动时需要一定的空间,有时还需要可供仪器设备使用的直流供电,因此排污单位应设置方便开展监测活动的平台,具体包括以下要求:一是到达监测平台要方便,可以随时开展监测活动;二是监测平台的空间要足够大,能够保证各类监测设备摆放和人员活动;三是监测平台要备有需要的电源等辅助设施,确保监测活动开展所必需的各类仪器设备和辅助设备能够正常工作。

2.2.3　监测平台应能保证监测人员的安全

在开展监测活动的同时,必须保证监测人员的人身安全,因此监测平台要设有必要的防护设施。一是高空监测平台周边要有能够保障人员安全的围栏,监测平台底部的空隙不应过大;二是监测平台附近有造成人体机械伤害、灼烫、腐蚀、触电等危险源的,应在平台相应位置设置防护装置;三是监测平台上方有坠落物体隐患时,应在监测平台上方设置防护装置;四是排放剧毒、致癌物及对人体有严重危害物质的监测点位,应储备相应的安全防护装备。所有围栏、底板、防护装置使用的材料要符合相关质量要求,能够承受预估的最大冲击力,从而保障监测人员的安全。

2.2.4 废水排放量大于 100 t/d 的，应安装自动测流设施并开展流量 自动监测

废水流量监测是废水污染物监测的重要内容。从某种程度上说，流量监测比污染物浓度监测更重要。流量监测易受环境影响、监测结果存在一定的不确定性是国际上普遍存在的技术问题。总体来看，流量监测技术日趋成熟，能够满足各种流量监测需要，也能满足自动测流的需要。废水流量的监测方法有多种，根据废水排放形式，分为电磁流量计监测和明渠流量计监测两种。其中，电磁流量计适用于管道排放，对流量范围的适用性较广。明渠流量计中，三角堰适用于流量较小的情况，监测范围低至 1.08 m^3/h 即可满足 30 t/d 的排放量。根据环境统计数据，全国废水排放量大于 30 t/d 的企业约有 7.5 万家，约占企业总数的 79%；废水排放量大于 50 t/d 的企业约有 6.7 万家，约占企业总数的 71%；废水排放量大于 100 t/d 的企业约有 5.7 万家，约占企业总数的 60%。从监测技术稳定性和当前基础来看，建议废水排放量大于 100 t/d 的企业采用自动测流的方式。

2.3 开展自行监测

2.3.1 自行监测开展方式

在监测组织方式上，开展监测活动时可以选择依托自有人员、设备、场地自行开展监测，也可以委托有资质的社会化检测机构开展监测。在监测技术手段上，无论是自行监测还是委托监测，都可以采用手工监测和自动监测的方式。排污单位自行监测活动开展方式选择流程如图 2-1 所示。

排污单位首先根据自行监测方案明确需要开展监测的点位、项目、频次，在此基础上根据不同监测项目的监测要求分析本单位是否具备开展自行监测的条件。具备监测条件的项目，可选择自行监测或委托监测；不具备监测条件的项目，

排污单位可根据自身实际情况，决定是否提升自身监测能力，以满足自行监测的条件。通过筹建实验室、购买仪器、聘用人员等方式满足自行开展监测条件的，可以选择自行监测。若排污单位委托社会化检测机构开展监测，需要按照不同监测项目检查拟委托的社会化检测机构是否具备承担委托监测任务的条件。若拟委托的社会化检测机构符合条件，则可委托社会化检测机构开展委托监测；若不符合条件，则应更换具备条件的社会化检测机构承担相应的监测任务。由此来说，排污单位自行监测有全部自行监测、全部委托监测、部分自行监测部分委托监测 3 种方式。同一排污单位针对不同监测项目，可委托多家社会化检测机构开展监测。

图 2-1　排污单位自行监测活动开展方式选择流程

　　无论是自行开展监测还是委托监测，都应当按照自行监测方案要求，确定各监测点位、监测项目的监测技术手段。对于明确要求开展自动监测的点位及项目，应采用自动监测的方式。其他点位和项目可根据排污单位实际情况，确定是否采用自动监测的方式。若采用自动监测的方式，应该按照相应技术规范的要求，定期采用手工监测方式进行校验。不采用自动监测的项目，应采用手工监测方式开展监测。

2.3.2　监测活动开展一般要求

监测活动开展的技术依据是监测技术规范。除了监测方法中的规定，我国还有一些系统性的监测技术规范对监测全过程或者专门针对监测的某个方面进行了规定。为了保证监测数据准确、可靠，能够客观反映实际情况，无论是自行开展监测还是委托其他社会化检测机构，都应该按照国家发布的环境监测标准、技术规范来开展。

开展监测活动的机构和人员由排污单位根据实际情况决定。排污单位可根据自身条件和能力，利用自有人员、场所和设备自行监测。排污单位自行开展监测时不需要通过国家的实验室资质认定，目前国家层面不要求检测报告必须加盖中国质量认证（CMA）印章。个别或者全部项目不具备自行监测能力时，也可委托其他有资质的社会化检测机构代其开展。

无论是排污单位自行监测还是委托社会化检测机构开展监测，排污单位都应对自行监测数据的真实性负责。如果社会化检测机构未按照相应环境监测标准、技术规范开展监测，或者存在造假等行为，排污单位可以依据相关法律法规和委托合同条款追究所委托的社会化检测机构的责任。

2.3.3　监测活动开展应具备的条件

2.3.3.1　自行监测应具备的条件

自行承担监测活动的排污单位，应具备开展相应监测项目的能力，主要就以下几个方面考虑。

（1）人员

监测人员是指与生态环境监测工作相关的技术管理人员、质量管理人员、现场测试人员、采样人员、样品管理人员、实验室分析人员（包括样品前处理等辅助岗位人员）、数据处理人员、报告审核人员和授权签字人等各类专业技术人员的总称。

排污单位应设置承担环境监测职责的机构，落实环境监测经费，赋予相应的工作定位和职能，配备相应能力水平的生态环境监测技术人员。排污单位中开展自行监测工作人员的数量、专业技术背景、工作经历、监测能力与所开展的监测活动相匹配，建议中级及以上专业技术职称或同等能力的人员数量应不少于总数的 15%。

排污单位应与其监测人员建立固定的劳动关系，明确岗位职责、任职要求和工作关系，使其满足岗位要求并具有所需的权力和资源，履行建立、实施、保持和持续改进管理体系的职责。

排污单位监测机构最高管理者应组织和负责管理体系的建立和有效运行。排污单位应对操作设备、监测、签发监测报告等人员进行能力确认，由熟悉监测目的、程序、方法和结果评价的人员对监测人员进行质量监督。排污单位应制订人员培训计划，明确培训需求和实施人员培训，并评价培训活动的有效性。排污单位应保留技术人员的相关资质、能力确认、授权、教育、培训和监督的记录。

开展自行监测的相关人员应结合岗位设定，熟悉和掌握环境保护基础知识、法律法规、相关质量标准和排放标准、监测技术规范及有关化学安全和防护等知识。

（2）场所环境

排污单位应按照监测标准或技术规范，对现场监测或采样时的环境条件和安全保障条件予以关注，如监测或采样位置、电力供应、安全性等是否能保证监测人员安全以及监测过程的规范性。

实验室宜集中布置，做到功能分区明确、布局合理、互不干扰，对于有温度、湿度控制要求的实验室，建筑设计应采取相应技术措施；实验室应有相应的安全消防保障措施。

实验室设计必须执行国家现行有关安全、卫生及环境保护法规和规定，对限制人员进入的实验区域应在其显眼区域设置警告装置或标志。

凡是空间内含有对人体有害的气体、蒸气、气味、烟雾、挥发物质的实验室，应设置通风橱，实验室需维持负压，向室外排风时必须经特殊过滤；凡是经常使用强酸、强碱，以及有化学品烧伤风险的实验室，应在出口就近设置应急喷淋器和应急洗眼器等装置。

实验室用房一般照明的照度均匀，其最低照度与平均照度之比不宜小于 0.7，微生物实验室宜设置紫外灭菌灯，其控制开关应设在门外并与一般照明灯具的控制开关分开安装。

对影响监测结果的环境条件，应制定相应的标准文件。如果规范、方法和程序有要求，或对结果的质量有影响时，实验室应监测、控制和记录环境条件。当环境条件影响监测结果时，应停止监测。应将不相容活动的相邻区域进行有效隔离。对进入和使用影响监测质量的区域，应加以控制。应采取措施确保实验室的良好内务，必要时应制定专门的程序。

（3）设备设施

排污单位配备的设备种类和数量应满足监测标准规范的要求，包括现场监测设备、采样设备、制样设备、保存设备、前处理设备、实验室分析设备和其他辅助设备。现场监测设备主要包括便携式现场监测分析仪、气象参数监测设备等，采样设备主要有水质采样器、大气采样器、固定污染源采样器等，样品保存设备主要是指样品采集后和运输过程中需要低温、冷冻或避光所需的设备，前处理设备主要是指加热、烘干、研磨、消解、蒸馏、振荡、过滤、浸提等所需的设备，实验室分析设备主要有气相色谱仪、液相色谱仪、离子色谱仪、原子吸收光谱仪、原子荧光光谱仪、红外测油仪、分光光度计、万分之一天平等。设备在投入工作前应进行校准或核查，以保证其满足使用要求。

大型仪器设备应配有仪器设备操作规程和仪器设备运行与保养记录；每台仪器设备及其软件应有唯一性标识；应保存对监测具有重要影响的每台仪器设备及软件的相关记录，并存档。

（4）管理体系

排污单位应根据自行监测活动的范围，建立与之匹配的管理体系，管理体系应覆盖自行监测活动的全部场所。将点位布设、样品采集、样品管理、现场监测、样品运输和保存、样品制备、实验分析、数据传输、记录、报告编制和档案管理等监测活动纳入管理体系。应编制并执行质量手册、程序文件、作业指导书、质量和技术记录表格等，采取质量保证和质量控制措施，确保自行监测数据可靠。

2.3.3.2　委托单位相关要求

排污单位委托社会化检测机构开展自行监测的，也应对自行监测数据的真实性负责，因此排污单位应重视对被委托单位的监督管理。其中，具备监测资质是被委托单位承接监测活动的前提和基本要求。

接受自行监测任务的单位应具备监测相应项目的资质，即所出具的监测报告必须能够加盖 CMA 印章。排污单位除应对资质进行检查外，还应该加强对被委托单位的事前、事中、事后监督管理。

选择拟委托的社会化检测机构前，应对其既往业绩、实验室条件、人员条件等进行检查，重点考虑社会化检测机构是否具备承担委托项目的能力及经验，是否存在弄虚作假的不良记录等。

被委托单位开展监测活动过程中，排污单位应定期或不定期抽检被委托单位的监测记录、监测报告和原始记录等，若有存疑的地方，可现场检查。

每年报送全年监测报告前，排污单位应对被委托单位的监测数据进行全面检查，包括监测的全面性、记录的规范性、监测数据的可靠性等，确保被委托单位能够按照要求开展监测。

2.4 监测质量保证与质量控制

无论是自行开展监测还是委托社会化检测机构开展监测，都应该根据相关监测技术规范、监测方法标准等要求做好质量保证与质量控制。

自行开展监测的排污单位应根据本单位自行监测的工作需求，设置监测机构，梳理制定监测方案、样品采集、样品分析、出具监测结果、样品留存、相关记录的保存等各个环节，制定工作流程、管理措施与监督措施，建立自行监测质量体系，确保监测工作质量。质量体系应包括对以下内容的具体描述：监测机构、人员、出具监测数据所需的仪器设备、监测辅助设施和实验室环境、监测方法技术能力验证、监测活动质量控制与质量保证等。

委托其他有资质的社会化检测机构代其开展自行监测的，排污单位不用建立监测质量体系，但应对社会化检测机构的资质进行确认。

2.5 记录和保存监测数据

记录监测数据与监测期间的工况信息，整理成台账资料，以备管理部门检查。手工监测时应保留全部原始记录信息，全过程留痕。自动监测时除了通过仪器全面记录监测数据，还应有运行维护记录。另外，为了更好地说清污染物排放状况、了解监测数据的代表性、对监测数据进行交叉印证、形成完整的证据链，还应详细记录监测期间的生产和污染治理状况。

排污单位应将自行监测数据接入全国污染源监测信息管理与共享平台，公开监测信息。此外，可以采取以下一种或几种方式让公众更便捷地获取监测信息：公告或者公开发行的信息专刊，广播、电视等新闻媒体，信息公开服务、监督热线电话，本单位的资料索取点、信息公开栏、信息亭、电子屏幕、电子触摸屏等场所或者设施，其他便于公众及时、准确获得信息的方式。

第3章　陆上石油天然气开采行业发展及污染排放状况

石油、天然气作为重要的一次能源，攸关国计民生和国家安全，陆上石油天然气开采工业是中国国民经济发展的重要支柱产业，天然气作为清洁能源，为改善环境空气质量发挥了重要作用。本章围绕陆上石油天然气开采行业概况、污染物排放现状、发展趋势进行简要介绍。同时分类对典型工艺过程产排污节点和污染治理技术进行简要说明，为后文排污单位自行监测方案的制定提供基础依据。

3.1　行业概况及发展趋势

3.1.1　行业分类

按照《国民经济行业分类》（GB/T 4754—2017）的规定，陆上石油天然气开采行业属石油和天然气开采业（B07），分为陆地石油开采（B0711）和陆地天然气开采（B0721）。

石油和天然气开采业（B07）是指在陆地或海洋，对天然原油、液态或气态天然气的开采，对煤矿瓦斯气（煤层气）的开采；为运输目的所进行的天然气液化和从天然气田气体中生产液化烃的活动，还包括对含沥青的页岩或油母页岩矿的开采，以及对焦油沙矿进行的同类作业。

石油开采是指利用现代化的设备，将井下储层中的油气开采到地面。油流的生产工序为依靠油层本身所具有的能量，将油流渗流到井底，再应用举升设备抽汲到地面。而油流入井的方式不同，可以通过人为补充能量的方式，如注水开采、注汽开采以及注聚合物开采等，经过 3 次采油阶段，为提高油田的采收率，实施三元复合体系驱油的技术措施，扩大注入剂的波及体积，将更多死油区的油流开采出来。

天然气开采是指依靠气体的膨胀能量，将天然气开采到地面。气井生产的关键要素是控制井下积液的产生，避免由于井下积液而影响气井的生产能力。同时重视天然气井的安全管理，采取双阀生产工艺，避免发生天然气泄漏事故，从而影响气田生产的安全系数。

陆地石油开采（B0711）属于石油开采（B071），具体包括天然原油、从沥青矿中提取的原油、沥青页岩、油母页岩、焦（重）油砂、其他油页岩的陆地石油开采活动，油母页岩开采综合利用活动、油砂开采综合利用活动、伴生天然气综合利用活动、煤系油母页岩资源开发利用活动、油砂综合利用活动列入本分类。陆上石油天然气行业不包括海上石油开采、为石油的运输而进行的管道作业、精炼石油制品，以及精炼过程中液态石油气的回收等活动。

陆地天然气开采（B0721）属于天然气开采（B072），具体包括天然气、液化天然气、煤层气（煤田）、页岩气、天然气水合物的陆地天然气开采活动，煤层气综合开发利用活动、微生物开采煤层气技术应用活动、页岩气综合利用活动列入本分类。陆上石油天然气行业不包括海上天然气开采、可燃冰开采、天然气管道运输、工业气体的制造等活动。

3.1.2　行业发展现状

当前，我国仍然处于油气资源短缺、对外依存度继续增加的态势。国际能源市场中贸易量最大的能源品种是石油和天然气，油气安全一直都是世界各国能源安全领域最为关注的问题。2018 年 7 月，习近平总书记做出"大力提升国内油气勘探开发力度，努力保障国家能源安全"的重要批示，要加强国内油气勘探开发和增储上产，进一步提高国家能源安全保障能力，守住两个"饭碗"，其中一个就是迫切需要持续加大国内油气勘探开发力度，不断提高油气自给能力和水平，确保国家能源安全。

目前，我国从事陆上石油和天然气开采的企业主要有中国石油天然气集团有限公司、中国石油化工集团有限公司两大国有中央企业，以及国有地方企业陕西延长石油（集团）有限责任公司。

我国的石油资源主要赋存于东北地区和西北地区；天然气主要赋存于西部的鄂尔多斯盆地、四川盆地和塔里木盆地。油气井场、油气集输与处理站场等地面工程设施大多地处偏远、远离城区，自然环境恶劣，条件艰苦。目前，处于大气污染防治重点区域的油田主要有中石油所属的大港油田、华北油田、冀东油田和中石化所属的江苏油田、胜利油田（部分）、中原油田；大气污染防治重点区域内无天然气净化厂分布。

石油勘探开发方面，《中国矿产资源报告 2024》中的数据显示，2023 年中国剩余探明技术可采储量石油 38.51 亿吨。原油剩余探明可采储量及实际产量主要分布在东北和西北地区。《中国油气产业发展分析与展望报告蓝皮书（2023—2024）》中的数据显示，2023 年，国内原油产量 2.08 亿吨，国内新增石油探明地质储量约 13 亿吨。

天然气勘探开发方面，《中国天然气发展报告 2024》数据显示，全国天然气（含页岩气、煤层气）新增探明地质储量 1.2 万亿立方米。2023 年全国天然气产量 2 324 亿立方米，同比增长 5.6%，增量 123 亿立方米，连续 7 年增产超百亿立方米。非常规天然气产量突破 960 亿立方米，占天然气总产量的 43%，成为增储上产重要增长极。

表 3-1　我国各年石油、天然气产量

项目	2010 年	2015 年	2018 年	2022 年	2023 年
原油产量/亿 t	2.0	2.15	1.89	2.04	2.08
天然气产量/亿 m³	1 030.6	1 346.1	1 601.6	2 201.1	2 324

3.1.3　行业发展趋势

我国油气储产量增长已进入高峰期，这一高峰期可能延续到 2050 年前后。未来油气勘探发展的总趋势：一是从中新生界向古生界转移；二是从我国东部向西部转移；三是从陆地向海洋转移；四是从石油向天然气（含非常规天然气）转移；五是从中浅层向中深层转移；六是快速发展非常规油气领域；七是开发利用国外油气资源。

目前，全球油气供需环境不稳定，国际油价跌宕起伏，天然气消费增速放缓，炼化市场景气度下降，导致国际大石油公司经营业绩整体下滑，加快优化全球资产配置与组合。

石油天然气开采行业是国民经济的重要支柱，行业的发展关系到国民经济的发展，关系到国家安全，而且与人们的生活息息相关。我国油气资源丰富，勘探领域和地区广泛，勘探程度和资源转化率较低，油气勘探潜力巨大。因此，面对风云变幻的全球油气市场，我国将持续加大国内油气勘探开发力度，实现油气产量双增，确保绿色效益开发；同时加快推进油气体制机制改革，形成油气行业全产业链开放格局。而我国油气资源富集区与重要的生态功能区、生态环境敏感脆弱区在空间分布上叠置，生态环境保护对石油和天然气的高质量发展提出了更高要求。

3.2　工艺过程及产排污节点

陆上石油、天然气开采主要包括建设期、运营期和服役期满等 3 个阶段。在前期的勘探工作结束后，建设期的主要内容为钻井和地面工程建设；运营期的主要内容为采油（气）、井下作业、油气集输及油气处理等。

3.2.1　废水工艺过程及产排污节点

陆上石油、天然气开采作业和生产过程中产生的废水，包括油气田采出水、钻井和井下作业废水、压裂返排液、油气处理工艺废水、设备和设施清洗废水、循环冷却水排污水、化学水制取排污水、锅炉排污水、生产区生活污水、污染雨水等。

陆上石油天然气开采工业主要废水污染源及去向如图 3-1、表 3-2 所示，主要污染物种类如表 3-3 所示。

图 3-1　石油、天然气生产工艺中废水的产生与去向

表 3-2　陆上石油天然气开采工业主要废水污染源及去向

活动	废水种类	去向
勘探钻井	钻井废水	①单独处理后排放；②回用（作为泥浆配制用水等）；③运至联合站污水处理设施处理；④置于井场泥浆池中，与废弃钻井泥浆一同按固体废物处置
	生活污水	
井下作业	井下作业废水	①单独处理后循环利用；②运至联合站污水处理设施，与联合站采出水一同处理
	生活污水	①单独处理后排放；②运至联合站污水处理设施，与联合站采出水一同处理
采油（气）、油气集输、油气处理	采油气废水（采出水）	①经联合站污水处理设施处理后回注地层、回用或外排；②单独处理后排放
	化学水制取排污水	
	锅炉排污水	
	循环水设施排污水	
	地面与设备冲洗水	
	生活污水	
	污染雨水	

表 3-3　陆上石油天然气开采工业主要污染物种类

活动	废水种类	主要污染物（指标）
勘探钻井	钻井废水	pH、SS、COD_{Cr}、石油类、TOC
	生活污水	SS、COD_{Cr}、BOD_5、氨氮、总氮、总磷、TOC
井下作业	井下作业废水	SS、COD_{Cr}、石油类、TOC
	生活污水	SS、COD_{Cr}、BOD_5、氨氮、总氮、总磷、TOC
采油（气）、油气集输、油气处理	采油气废水（采出水）	COD_{Cr}、石油类、挥发酚、硫化物、氨氮、总氮、总磷、阴离子表面活性剂、TOC、总钒、总汞、烷基汞、总镉、总铬、六价铬、总砷、总铅、总镍、总α放射性、总β放射性
	生活污水	SS、COD_{Cr}、BOD_5、氨氮、总氮、总磷、TOC
	化学水制取排污水	pH、COD_{Cr}
	锅炉排污水	pH、COD_{Cr}
	循环水设施排污水	pH、COD_{Cr}、石油类
	地面与设备冲洗水	pH、COD_{Cr}、石油类

概括而言，陆上石油天然气开采工业污水主要为物理过程（分离、净化，无油气炼制与化工工艺过程）产生的废水。污染物种类相对单一，主要来自地层。污染物来源主要为原油组分、钻采过程中加入的无机化学剂和有机化学剂组分，以及地层中的物质。

3.2.2　废气工艺过程及产排污节点

石油、天然气开采大气污染物主要包括天然气净化厂硫回收尾气、稠油开采用注汽锅炉废气、油气田加热炉废气、油气处理与集输系统无组织逸散烃类废气，主要污染物为 SO_2、NO_x、烟尘、挥发性有机物。

（1）天然气净化厂硫回收尾气

在天然气开发过程中，需对天然气进行净化处理，以达到商品天然气气质标准。这一过程通常包括原料天然气的过滤分离、脱水、脱烃、脱硫以及配套的酸气处理等。脱硫过程是指脱除天然气中的 H_2S 及有机硫，脱除的气体称为酸气，主要含有 H_2S，还含有 CO_2 及少量的烃类、水蒸气等。根据原料天然气中 H_2S 和 CO_2 含量的不同，被脱除下来的酸气中 H_2S 浓度有较大差异，通常在 20%～80%。由于 H_2S 是一种神经毒性气体，亦为窒息性和刺激性气体，对人类的生存与环境危害甚大，因此酸气必须经处理后才能排放。对酸气进行处理已经成为天然气净化行业必须具备的标准工艺，由硫黄回收（含尾气处理）和尾气灼烧两部分构成。硫黄回收通常采用克劳斯（Claus）法，它将酸气中的硫化物转化为硫黄，是国内外天然气净化行业普遍采用的、技术经济上可行的酸气处理方法。由于酸气中除 H_2S 外，还含有 CO_2 及少量的有机硫、烃类等物质，实际反应过程相当复杂，存在一系列副反应，且反应过程受热力学平衡限制，因此克劳斯硫黄回收装置的硫回收率为 92%～95%，即使采用三级、四级催化转化器和高活性的催化剂，装置总硫回收率最高也只能达到 97%左右，实际上国内还有一些装置的硫回收率远低于该水平。尾气经进一步处理后，总硫回收率可达99.8%以上，这就意味着仍会有少量硫化物经灼烧转化为 SO_2 后排入大气。如何提高硫回收率，减少 H_2S 和 SO_2

排放所造成的大气污染一直是该技术发展的重点。从近几十年的国外技术发展情况来看，主要集中在硫黄回收装置本身的技术进步和开发实用的尾气强化处理工艺两个方面。硫黄回收后的尾气通常含有 H_2S、SO_2、CS_2 等有毒成分，必须经灼烧后通过高烟囱排放。排放的大气污染物主要为 SO_2，其他污染物如 H_2S、CS_2 含量极微。通常天然气净化厂两套或多套硫黄回收装置并联共用一根尾气灼烧排放筒。

（2）稠油开采注汽锅炉废气

目前国内的油田稠油为超稠油开发，大多采用蒸汽吞吐、蒸汽驱、SAGD 等热采技术，此类技术的共同特点是需要向油层注入高温高压蒸汽，而生产高温高压蒸汽的设备就是注汽锅炉，其主要部件包括辐射段、对流段、燃烧器，辅助装置包括给水泵、燃料供给系统、自动控制装置、给水预热器、送风装置。该设备几乎全部以天然气为燃料，用于生产过热蒸汽，蒸汽干度在 80% 以上，产生的过热蒸汽经过高压注汽管线输送至稠油油藏加热原油。注汽锅炉在稠油开发油田中应用十分广泛，因实际使用的动力燃料一般为高品质天然气，其废气排放的主要污染物为氮氧化物以及极少量的二氧化硫和颗粒物，氮氧化物主要与燃烧器的类型有关，根据长期的废气监测数据显示，绝大多数设备的氮氧化物排放浓度均可稳定在 180 mg/m^3 以内。

（3）工艺加热炉废气

工艺加热炉是油气田广泛使用的加热设备，它主要利用燃料在炉膛内燃烧产生的火焰和高温烟气作为热源加热炉管中流动的物料，使其发生化学反应或达到后续工艺要求的温度。在油气田生产工艺中的作用是给原油天然气加热，使原油温度升高，防止输送过程中凝结，减少结蜡，降低动能损耗。对天然气加热可以有效防止天然气中水化物的形成，从而避免堵塞集气站内的设备、管道。

根据工艺加热炉的结构形式，加热炉可以分为水套加热炉、管式加热炉（包含箱式炉、立式圆筒炉、卧式圆筒炉等）、真空相变加热炉、热媒炉等。水套加热炉由水套、沸腾管、循环油管、火嘴和安全附件等组成，是以水为热载体给原油或天然气间接加热的一种炉具。被加热介质为生产用水，燃料一般为净化天然气（含硫量≤20 mg/m³），常压下运行，炉内工质水在密闭的炉体内进行换热，被加热介质通过热传导来提升温度。水套加热炉主要用于油气集输过程中，将原油或天然气等井采物进行加热，并控制其温度波动在一定范围内。气田水套加热炉主要用于单井站井口，在节流前对天然气进行加热防止水合物的形成，预防冰堵影响天然气生产。加热炉烟气直接排入大气，主要污染物有二氧化硫、氮氧化物、颗粒物。

油气田工艺加热炉具有点多、面广、区域分散、单台功率小等特点，以国内某大型能源集团为例，十余家油气田企业，共有工艺加热炉超过 2 万台。以其中 6 家油气田为例，共有工艺加热炉 15 516 台，其中，额定功率大于 14 MW 的仅占 0.1%，功率为 1～14 MW 的约占 21.0%，功率为 0.7～1 MW 的约占 4.1%，功率为 0.5～0.7 MW 的约占 5.8%，功率小于 0.5 MW 的约占 69.0%。

油气田工艺加热炉大多分布在野外，如某大型油气田企业共有 2 538 台加热炉，分布在我国西北 5 个省级行政区，86.3% 为燃气加热炉，规模为 0.5 MW 以下的约占 68.5%。油气田加热炉生产运行具有显著的季节性，即冬季运行时间较长、春、秋季运行时间较短，夏季大多数加热炉停运或为间歇生产。

（4）挥发性有机物排放

挥发性有机物废气主要为无组织逸散和经废气收集系统集中收集处理后的有组织排放。无组织排放类型主要有原油集中处理、储存、集输系统、车辆拉运装载各环节的无组织逸散及设备与管线组件的无组织泄漏。固定排放源类型主要是废水集输和处理系统废气集中排放口及各类有机废气收集处理系统排放口。

3.2.3　噪声来源分析

陆上石油天然气开采工业排污单位在生产过程中产生噪声排放的站场主要包括油气集中处理站、天然气处理厂、海上油气田陆岸终端，以及接转站、增压站、集输站、配气站等，噪声源主要包括各类压缩机、机泵、分离器、调压阀、节流阀等机械运行噪声和天然气气流声。通常油气集中处理站、天然气处理厂、海上油气田陆岸终端，以及接转站、增压站、集输站、配气站为连续生产。

目前，采油气单井站通常采用"模块化设计、工厂化预制、撬装化安装"的方式建站，一般为无人值守井站，设备简单，只有井口装置、计量装置等，输气管道埋地敷设，正常生产过程中不会产生环境噪声污染。

3.2.4　工业固体废物来源分析

油田开发过程中的固体废物主要来自钻井过程产生的岩屑、废弃泥浆、少量生活垃圾和原油生产过程中的落地油、油砂和污泥。钻探过程中所产生的岩屑、废弃泥浆均排放在井场开挖的泥浆池中，泥浆池均按照规范要求铺设了防渗膜，完钻清场后干化填埋处理，钻井过程中少量洒落原油应及时回收。施工单位的生活垃圾统一堆存在临时垃圾堆放点，施工结束后由专业队伍清运。

目前井下作业普遍采用带罐（车）作业，作业范围地表铺设工程塑料，做到原油不落地。油田试采阶段，落地油进入临时设置的储油罐，由汽车拉运。地面工程结束后，集输井场采用密闭式管道输送，不再产生落地原油。

油田开发运营期主要的固体废物是含油污泥。含油污泥，简称油泥，是在石油开采、运输、炼制及含油污水处理过程中产生的含油固体废物，是由石油烃类、胶质、沥青质、泥砂、无机絮体、有机絮体以及水和其他有机物、无机物牢固粘结在一起的乳化体系。

含油污泥主要分为 3 种类型，即落地油泥、集输油泥和炼厂油泥。落地油泥是在油田开发特别是油井采油生产和井下作业施工过程中，部分原油放喷或被油管、抽油杆、泵及其他井下工具携带至地面，进而渗入地面土壤形成的油泥；集输油泥是储油罐在自然沉降中产生一些油泥，也称罐底泥。

含油污泥成分非常复杂，含有大量的老化原油，固体悬浮物，以及细菌质等固体废物，其主要成分是原油（图 3-2）。油泥中含有数百种有毒有害化合物，其中的某些化合物（多环芳烃等）具有"三致"（致癌、致畸、致突变）效应；另外，含油污泥中往往含有苯系物、酚类等物质。美国国家环境保护局（USEPA）将其列为环境优先污染物，并且对其排放有严格的限制，我国也将油泥列入《国家危险废物名录》。

图 3-2 含油污泥

石油开采过程中主要危险废物产生情况如表 3-4 所示。

表 3-4 石油开采过程中主要危险废物产生情况

序号	废物名称	废物类别	废物代码	污染成分	产生环节
1	废弃油基钻井泥浆	HW08 废矿物油与含矿物油废物	071-002-08	废矿物油	采用油基钻井液钻井时
2	含油岩屑	HW08 废矿物油与含矿物油废物	071-002-08	废矿物油	采用油基钻井液钻井时
3	落地原油	HW08 废矿物油与含矿物油废物	071-001-08	废矿物油	主要产生于油井井场设施阀门、法兰等管线破损的泄漏以及井下作业
4	清罐底泥	HW08 废矿物油与含矿物油废物	071-001-08	废矿物油	各种处理容器和构筑物的清掏渣泥
5	采出水处理沉降油泥废油、油泥、浮渣、污泥	HW08 废矿物油与含矿物油废物	900-210-08	废矿物油	油/水分离设施产生的废油、油泥及废水处理产生的浮渣和污泥（不包括废水生化处理污泥）油田采出水固液分离产生的沉降油泥

序号	废物名称	废物类别	废物代码	污染成分	产生环节
6	废润滑油	HW08 废矿物油与含矿物油废物	900-217-08	废矿物油	各类设备检修维护
7	清管废渣	HW08 废矿物油与含矿物油废物	900-249-08	废矿物油	集输管线的清管作业
8	废弃包装物、容器,过滤吸附介质,含油抹布、劳保用品	HW49 其他废物	900-041-49	废矿物油	危险废物存贮过程；采出水处理过滤吸附介质更换；机械保养、清洁

陆上天然气开采过程中产生的工业固体废物主要包括废弃油基钻井泥浆、灰渣、脱硫石膏、袋式（电袋）除尘器产生的破旧布袋、废旧盘根、废旧电机皮带、废弃油基钻井泥浆、油基岩屑、落地油、浮油、浮渣、污泥、清罐底泥、清管废渣、废脱汞剂、废过滤吸附介质、废防渗材料等。

钻井废弃泥浆是指钻井过程中因性能不合格无法重复利用的泥浆，钻井岩屑是在钻井过程中钻头切削地层岩石而产生的碎屑，包括水基岩屑和油基岩屑。钻井产生的废油用油罐收集，在钻井结束后交由有危险废物处理资质的公司进行收集、转运并进行最终处置；钻井过程中产生的废弃包装材料等可进行回收；施工废料主要为管道焊接后废弃的焊接材料，由施工单位清运回收。管道建设施工分段进行，且主要依靠当地农村劳动力开挖管沟及抬管，施工管理及技术员生活设施依托沿线城镇旅店，不设野外施工营地。

运营期内部集输的清管作业频率一般为 4 次/年。清管废渣主要是清管作业时于集气站分离器排出，主要成分是硫化亚铁、井内杂屑、机械杂质。一般每次清管作业时管线产生的清管废渣量平均约为 1.5 kg/km。天然气净化厂运营期产生的固体废物主要为废催化剂、废旧盘根、废旧电机皮带、浮油、浮渣、污泥、废过滤吸附介质等。

陆上天然气开采过程中产生的主要危险废物如表 3-5 所示。

表 3-5　陆上天然气开采过程中产生的主要危险废物

序号	废物名称	废物类别	废物代码	污染成分	产生环节
1	废弃油基钻井泥浆	HW08 废矿物油与含矿物油废物	072-001-08	废矿物油	采用油基钻井液钻井时
2	油基岩屑	HW08 废矿物油与含矿物油废物	072-001-08	废矿物油	采用油基钻井液钻井时
3	落地油	HW08 废矿物油与含矿物油废物	071-001-08	废矿物油	含凝析油天然气藏的井下作业、采气环节和集输与处理环节
4	浮油、浮渣、污泥	HW08 废矿物油与含矿物油废物	900-210-08	废矿物油	含凝析油天然气藏集输与处理环节
5	清罐底泥	HW08 废矿物油与含矿物油废物	071-001-08	废矿物油	含凝析油天然气藏的采气环节和集输与处理环节
6	清管废渣	HW08 废矿物油与含矿物油废物	251-001-08	废矿物油	未经分离的凝析油天然气集输与处理环节
7	废脱汞剂	HW29 含汞废物	072-002-29	汞	含汞天然气的集输与处理环节
8	废过滤吸附介质	HW49 其他废物	900-041-49	废矿物油	含凝析油天然气藏集输与处理环节
9	废防渗材料	HW08 废矿物油与含矿物油废物	900-249-08	废矿物油	场地清理环节

3.3　污染治理技术

3.3.1　废水污染治理技术

（1）油田含油污水的回注处理

当开发区块自身或附近其他采油区块需要注水水源时，可将含油废水经净化和稳定处理达到注水水质标准即可回注。含油废水处理单元综合对比见表 3-6。

表 3-6　含油废水处理单元综合对比

序号	方法	设备名称	分离对象	去除粒径/μm	主要优点	主要缺点
1	重力分离	平流隔油池（API） 沉降罐 波纹斜板隔油池（CPI） 斜板隔油池（PPI）	浮油、分散油、油-湿固体	≥150 ≥60 ≥60 ≥60	效果稳定、运行费用低、管理方便	占地面积较大
2	浮选	射流诱导气浮（IGF）、溶气气浮（DAF）、涡凹气浮（CAF）、压力浮选	乳化油和油-湿固体	≥10	效果较好、工艺较成熟	一般需加药，浮渣难处理
3	吸附		溶解油	≤10	出水水质极好、设备占地少	运行费用高，活性炭再生较难
4	粗粒化		发散油、分化油	≥10	设备小型化、操作简便	滤料易堵，长期使用效果下降
5	生物处理		溶解油	≤10	出水水质较好、运行费较低	进水水质要求高
6	过滤	砂滤器、核桃壳过滤器、双滤料过滤器、金钢砂过滤器	乳化油	≥10	出水水质较好	需反冲洗，反洗操作要求较高

　　工艺流程分为重力流程和压力流程（图 3-3、图 3-4），可将回注水中含油量控制在 5 mg/L 以下，悬浮物控制在 5 mg/L 以下，并能控制住细菌的繁殖及产生的危害。

含油污水 → 混凝除油罐 → 浮选机 → 过滤泵 → 过滤器 → 注水罐 → 注水泵 → 注水井口

图 3-3　回注工艺重力流程

含油污水 → 缓冲罐 → 提升泵 → 压力斜板除油器 → 浮选机 → 过滤吸水池 → 过滤泵 → 过滤器 → 注水罐 → 注水泵 → 注水井口

图 3-4　回注工艺压力流程

（2）含硫气田水的处理

含硫气田废水除含硫化氢外，还有石油类和悬浮物等污染物，因此排放前必须进行处理。含硫废水中，随着废水 pH 的变化，硫化物有不同的形态，当 pH<5.5 时，全部以 H_2S 分子形态存在；随着 pH 的升高，HS^- 逐渐增多，当 pH=8 时，以 HS^- 形态为主；当 pH 再升高，S^{2-} 增多，当 pH>9.8 时，全部以 S^{2-} 形态存在。

高含硫气田水处理一般先采用气提、闪蒸等工艺进行脱气处理。气提一般采用净化天然气，气提出的 H_2S 一般随天然气一同送天然气净化厂。闪蒸出的含 H_2S 酸气一般在现场进行硫回收等处理。

气田水用于回注时，一般采用沉降、气浮、过滤等处理工艺。

（3）污水外排处理工艺技术

目前，我国含油污水处理普遍使用的是"老三套"处理工艺，即隔油-混凝（气浮）-过滤工艺。主要针对污水中的油和机械杂质进行分离处理，其目标主要是实现污水的回注，并未包括污水外排的一些污染物指标（如 COD_{Cr}、BOD_5、氨氮等）。实践表明，用"老三套"注水处理工艺无法使含油污水达标排放。为满足污水外排的要求，在污水回注处理工艺的基础上，开发了污水的外排处理工艺，其一般流程是在原"老三套"处理工艺的基础上增加"生化处理"单元。"老三套-生化处理流"程基本上构成了我国目前的含油污水外排处理主工艺，有的油田还增加了生化后处理单元，见表 3-7。

表 3-7　油气田污水外排处理工艺及污染物去除效率

序号	处理单元	处理方法	主要工艺环节	污染物去除效率/%			
				COD$_{Cr}$	SS	氨氮	石油类
1	预处理	自然沉淀	隔油、沉淀	10～20	20～40	—	10～35
		混凝沉淀	隔油、调节、混凝沉淀	25～60	40～70	—	30～60
		混凝气浮	隔油、调节、混凝气浮	25～60	40～80	—	30～60
2	厌氧生物处理	厌氧生化	厌氧生化池	15～40	20～45	—	30～60
		水解酸化	水解酸化	15～40	20～45	—	30～60
	好氧生物处理	活性污泥	活性污泥生物反应池、沉淀池	65～90	60～90	50～86	80～96
		生物膜	生物接触氧化	65～90	60～90	50～86	80～96
		膜生物反应器	膜生物反应器（MBR）	65～90	0～92	70～95	80～96
3	生化后处理	过滤	微絮凝、过滤	10～20	50～60	—	＞30
		混凝	混凝、沉淀、过滤	15～30	50～70	—	＞30
		吸附	活性炭吸附	＞40	＞80	—	＞30

生化技术，特别是近些年将生物膜等技术引入油田污水的处理，使油田污水的外排达标成为可能。但由于采油污水一般可生化性较差（其 BOD$_5$/COD$_{Cr}$ 一般低于 0.3，稠油污水则低于 0.1），污水的温度高，矿化度大，难降解的聚合物含量高，经一般生化处理后 COD$_{Cr}$ 在 100～150 mg/L。因此，在处理工艺的选择和微生物的选育培养上比普通生化处理技术有更高的要求。

3.3.2　废气污染治理技术

（1）挥发性有机物治理技术

①污水处理场有机废气

污水处理场高浓度 VOCs 废气可采用预处理（包括吸收、脱硫、总烃浓度均化）-催化氧化工艺或焚烧法处理，低浓度 VOCs 废气可采用洗涤-吸附法、生物脱臭、焚烧法处理。

②挥发性有机液体装卸作业排气

对原油装载作业排气治理，可采用活性炭吸附-热再生或催化氧化等工艺。采用水蒸气再生饱和活性炭，再生气须通过冷凝-油水分离回收油品，不凝气返回吸附床；采用热氮气或热瓦斯气再生活性炭，再生气须冷却（回收凝析油）进入瓦斯管网，具体工艺需根据废气污染物浓度、净化要求、技术经济性等综合比较确定。

③挥发性有机液体储罐废气

酸性水罐、污油罐等储罐排放的含硫 VOCs 恶臭气体可采用低温柴油吸收-氢氧化钠（或有机胺）溶液脱硫工艺处理。高温污油罐等排气宜先进行冷却、气液分离等预处理，将排气温度降至45℃以下再进行处理。当原油浮顶罐区排放气治理时，可选用吸附、吸收、冷凝等回收技术。当酸性水罐、污油罐等罐区排放气经过吸收、吸附等方法回收处理后，非甲烷总烃含量一般为 $1\,000\sim5\,000\ \text{mg/m}^3$，为达到更严排放标准，可再进焚烧炉、锅炉等进一步深度处理。

（2）硫黄（酸性气）回收技术

硫黄（酸性气）回收是指将酸性气中的硫化氢转化为硫黄或硫酸并回收（硫不能100%完全回收，装置尾气中含有二氧化硫和硫化氢。硫黄回收装置尾气采用氧化法控制污染的，其尾气中还含有氮氧化物）。针对多数工艺采用克劳斯法的情况，优选加氢还原—有机胺吸收—焚烧（或催化焚烧）工艺处理克劳斯法回收的尾气，控制有机胺吸收塔出口还原性总硫小于 $50\ \text{mg/m}^3$。硫黄回收装置尾气焚烧炉烟气二氧化硫不达标时，可再采用钠碱洗涤脱硫，或与催化裂化烟气等合并脱硫处理。

3.3.3　噪声污染治理技术

陆上石油天然气开采企业的主要降噪措施包括由振动、摩擦和撞击等引起的机械噪声，通常采取减振、隔声措施，如对设备加装减振垫、隔声罩等，也可将某些设备传动的硬件连接改为软件连接；车间内可采取吸声和隔声等降低噪声的措施；对于空气动力性噪声，通常采取安装消声器的措施。

3.3.4 固体废物治理技术

含油污泥是石油工业中的一种常见污染物，在石油开采、集输、炼化等各个环节均可能产生大量的含油污泥。它是一种主要混合了石油、污水、污泥等的污染物，通常含有大量老化原油、采油药剂、盐类、固体悬浮物、腐蚀物及细菌等，组成非常复杂，直接排放将严重危害环境安全。含油污泥在《国家危险废物名录》中列为危险固体废物（HW08）。美国、荷兰、加拿大等国家也将含油污泥列为危险废物，针对性研究适合油田的处理方法并采用现场修复策略来大规模处理含油污泥。

随着石油开采的力度不断加大，含油污泥的产量仍在持续增加。据估计，每加工约500 t 原油就会产生1 t 含油污泥，目前，我国含油污泥的年产量已经超过500 万 t，全球年产量约6 000 万 t。过去，由于含油污泥处理技术相对落后、处理费用高、无害化处理率低等，尚未形成成熟且经济的处理工艺和技术，许多地方的处置办法就是露天简单堆放和填埋。随着"十四五"期间环保监管日趋严格，对含油污泥无害化处理提出了更加严苛的要求，大量累积和新增的含油污泥亟须处理，各地政府、采油企业均面临巨大压力，寻找高效、经济的含油污泥处理方法迫在眉睫。

目前，国内外对含油污泥的处理方法主要有焚烧法、热解法、萃取法、生物法、热洗法等，这些处理方法各有优缺点，见表3-8。

表 3-8　含油污泥生物处理法对比

处理方法	处理程度	二次污染	工艺程度
土地耕作和堆肥法	含油污泥中的 TPH 全部降解	地下水污染	简单、成熟
生物强化处理	有机物全部降解	恶臭气体	复杂、不成熟
生物反应器处理	有机物部分处理	重金属等残留物	复杂、不成熟
预制床法	限制污染物扩散和迁移	破坏原有生态系统	简单、成熟
生物浮选处理	油去除率≥95%	恶臭气体	较复杂、较成熟

处理方法	处理程度	二次污染	工艺程度
焦化处理	废渣含油率<0.3%	粉尘、恶臭气体	较复杂、成熟
直接填埋法	全部处理	无法降解的成分污染环境	简单、成熟
焚烧处理	有机物全部处理，回收热能	粉尘、SO_2 等	较复杂、较成熟
固化稳定处理	有机物全部处理	渗漏造成环境污染	简单、成熟
溶剂萃取处理	处理较彻底	存在溶剂污染问题	简单、不够成熟
超声波处理	回收油彻底	重金属等残留物	较简单、不成熟
热解处理	有机物全部处理，回收油气	产生烟气污染空气	较复杂、不够成熟
注入地层处理	全部处理	地下水污染严重	简单、较成熟
化学热洗处理	回收油不彻底	化学药剂污染环境	简单、成熟
调质分离处理	除油效果不彻底	药剂回收不彻底污染水体	较简单、较成熟
调剖技术	全部处理	渗漏造成土壤污染	简单、成熟

第4章　排污单位自行监测方案的制定

立足排污单位自行监测在我国污染源监测管理制度中的定位，根据陆上石油天然气开采工业污染排放特征，我国《总则》、《排污单位自行监测技术指南　火力发电及锅炉》（HJ 820—2017）、《陆上石油天然气开采工业指南》等相关标准规范，作为陆上石油天然气开采工业排污单位制定自行监测方案的依据。为了让标准规范的使用者更好地理解标准中规定的内容，本章重点围绕《陆上石油天然气开采工业指南》中的具体要求，一方面对其中部分要求的来源和考虑进行说明，另一方面对使用过程中需要注意的重点事项进行说明，以期为指南使用者提供更加详细的信息。

4.1　监测方案制定的依据

2017 年 4 月，环境保护部发布了《总则》、《排污单位自行监测技术指南　火力发电及锅炉》（HJ 820—2017），2022 年 4 月，生态环境部颁布了《陆上石油天然气开采工业指南》，这是陆上石油天然气开采工业排污单位确定监测方案的重要依据。

根据自行监测技术指南体系设计思路，陆上石油天然气开采工业排污单位主要按照《陆上石油天然气开采工业指南》确定监测方案，其中该指南未规定，但《总则》中进行了明确规定的内容，应按照《总则》执行。

　　另外，由于锅炉广泛分布在各类工业企业中，陆上石油天然气开采工业排污单位也会有自备电厂或工业锅炉，对于电子工业排污单位中的自备电厂或工业锅炉应按照《排污单位自行监测技术指南　火力发电及锅炉》(HJ 820—2017)确定监测方案。

4.2　废水排放监测

4.2.1　监测点位及监测指标的确定

　　根据《固定污染源排污许可分类管理名录（2019 年版）》(生态环境部令　第11 号)的划分，陆上石油天然气开采工业（国民经济行业代码 B07)需对涉及的锅炉、工业炉窑、水处理等通用工序按规模实施重点管理、简化管理或登记管理。陆上石油天然气开采工业排污单位在制定废水监测方案时，主要考虑排污单位废水排放方式、监测点位的设置、监测指标及监测频次等方面内容。

　　（1）监测点位

　　根据《总则》监测点位布设原则，结合陆上石油天然气开采工业排污单位废水实际排放情况，同时参照《排污许可证申请与核发技术规范　水处理通用工序》(HJ 1120—2020)的规定，在废水总排口、车间或生产设施废水排放口、生活污水排放口、雨水排放口设置监测点位。规定车间或生产设施废水排放口为油气集中处理站、天然气处理厂、储油库生产废水排放口，并增加海上油气田陆岸终端生产废水排放口。

　　（2）监测指标

　　按照《排污许可证申请与核发技术规范　水处理通用工序》(HJ 1120—2020)的规定，在废水总排放口监测流量、化学需氧量、氨氮、pH、悬浮物、五日生化需氧量、石油类、总有机碳、硫化物、总磷、挥发酚、阴离子表面活性剂；在车间或生产设施废水排放口监测流量、总汞、总镉、总铬、总砷、总铅、烷基汞、六价铬、总镍；在生活污水排放口监测流量、化学需氧量、氨氮；在雨水排放口监测化学需氧量、石油类。

同时，在生活污水排放口，参照《城镇生活污水处理厂污染物排放标准》（GB 18918—2002）及其修改单，结合陆上石油天然气开采工业排污特征，将《排污许可证申请与核发技术规范　水处理通用工序》（HJ 1120—2020）规定的其他污染物，明确为 pH、悬浮物、总磷、总氮、五日生化需氧量、石油类。

4.2.2　监测频次的确定

监测频次主要按照《排污许可证申请与核发技术规范　水处理通用工序》（HJ 1120—2020），规定废水总排放口重点排污单位流量、化学需氧量、氨氮自动监测，其余按月监测；pH、悬浮物、五日生化需氧量、石油类、总有机碳、硫化物、总磷直接排放的按月监测，间接排放的按季度监测；挥发酚、阴离子表面活性剂直接排放的按季度监测，间接排放的半年监测一次。

车间或生产设施废水排放口，流量、总汞、总镉、总铬、总砷、总铅按月监测，烷基汞、六价铬、总镍按季度监测。生活污水排放口直接排放的，流量、化学需氧量、氨氮按月监测，其他污染物（包括 pH、悬浮物、总磷、总氮、五日生化需氧量、石油类）半年监测一次。

雨水排放口化学需氧量、石油类有流动水排放时按季度监测，如监测一年无异常情况，可放宽至每年开展一次监测。

同时规定，油气田采出水回注油藏不属于废水排放。

陆上石油天然气开采工业排污单位废水排放监测点位、监测指标及最低监测频次按表 4-1 执行。排污单位可根据管理要求或实际情况在表 4-1 的基础上增加监测频次。

表 4-1　废水排放监测点位、监测指标及最低监测频次

监测点位	监测指标	监测频次	
		直接排放	间接排放
废水总排放口	流量、化学需氧量、氨氮	自动监测（月）[a]	
	pH、悬浮物、五日生化需氧量、石油类、总有机碳、硫化物、总磷	月	季度
	挥发酚、阴离子表面活性剂	季度	半年
车间或生产设施废水排放口[b]	流量、总汞、总镉、总铬、总砷、总铅	月	
	烷基汞、六价铬、总镍	季度	
生活污水排放口	流量、化学需氧量、氨氮	月	—
	pH、悬浮物、总磷、总氮、五日生化需氧量、石油类	半年	—
雨水排放口	化学需氧量、石油类	季度[c]	

注：油气田采出水回注油藏不属于废水排放。

　[a] 重点排污单位自动监测，其他单位按月监测。

　[b] 油气集中处理站、天然气处理厂、储油库、海上油气田陆岸终端的生产废水排放口。

　[c] 有流动水排放时按季度监测，如监测一年无异常情况，可放宽至每年开展一次监测。

4.3　废气排放监测

4.3.1　有组织废气

4.3.1.1　监测点位及监测指标的确定

（1）监测点位

根据产排污分析及《陆上石油天然气开采工业大气污染物排放标准》（GB 39728—2020），陆上石油天然气开采工业排污单位的有组织废气排放源主要包括硫黄回收装置尾气排气筒，稠油开采注汽锅炉排气筒，油气田加热炉排气筒，挥发性有机液体储罐、装载设施、废水集输和处理系统的废气收集处理装置排气

筒，其他有机废气收集处理系统排气筒等 5 类。

按照《总则》规定的原则，对于多个污染源或生产设备共用一个排气筒的，监测点位可布设在共用排气筒上。当执行不同排放控制要求的废气合并排气筒排放时，应在废气混合前进行监测；若监测点位只能布设在混合后的排气筒上，监测指标应涵盖所对应污染源或生产设备的监测指标，最低监测频次按照严格的执行。

（2）监测指标

《陆上石油天然气开采工业大气污染物排放标准》（GB 39728—2020）规定硫黄回收装置尾气排气筒监测二氧化硫；规定挥发性有机液体储罐、装载设施、废水集输和处理系统的废气收集处理装置排气筒，其他有机废气收集处理系统排气筒监测非甲烷总烃指标，排放标准中对非甲烷总烃去除效率有要求的，应同时在处理装置废气进口处开展监测。同时根据产排污分析，硫化氢为油气田开采工业废气中的特征污染物，因此规定在两类有机废气排放口加测硫化氢指标。

对于稠油开采注汽锅炉排气筒，参照《排污单位自行监测技术指南 火力发电及锅炉》（HJ 820—2017），对氮氧化物、颗粒物、二氧化硫、氨、林格曼黑度等指标开展监测，其中，氨为使用液氨等含氨物质作为还原剂，去除烟气中氮氧化物的选测指标。

对于油气田加热炉排气筒，参照《排污许可证申请与核发技术规范 工业炉窑》（HJ 1121—2020），规定监测加热炉热工单元的污染物指标，包括颗粒物、二氧化硫、氮氧化物、汞及其化合物、林格曼黑度。其中，汞及其化合物仅对燃煤加热炉进行监测。

同时，规定废气监测应按照相应标准分析方法、技术规范同步监测烟气参数，规定燃煤、燃油稠油开采注汽锅炉的监测要求按照《排污单位自行监测技术指南 火力发电及锅炉》（HJ 820—2017）执行。

4.3.1.2　监测频次的确定

《总则》规定，重点排污单位主要排放口主要监测指标的最低监测频次为月至季度，主要排放口其他指标的最低监测频次为半年至年，其他排放口监测指标的最低监测频次为半年至年；非重点排污单位主要排放口的主要监测指标的最低监测频次为半年至年，主要排放口其他监测指标的最低监测频次为年，其他排放口监测指标的最低监测频次为年。

（1）对于油气田天然气净化厂的硫黄回收装置尾气排气筒，属于主要排放口，其排放的二氧化硫属于主要监测指标，且自动监测技术相对成熟，各油气田企业基本已实现自动监测。因此，规定硫黄回收装置尾气排气筒的二氧化硫指标重点排污单位自动监测，其他单位按月监测。

（2）对于挥发性有机液体储罐、装载设施、废水集输和处理系统的废气收集处理装置排气筒，《陆上石油天然气开采工业大气污染物排放标准》（GB 39728—2020）对此类排放口排放的非甲烷总烃有排放限值要求，且非甲烷总烃属于主要排放口的主要指标，因此，规定为按月监测；硫化氢属于主要排放口的其他监测指标，因此规定半年监测一次。对于其他有机废气收集处理系统排气筒，非甲烷总烃属于一般排放口的主要指标，因此规定为半年监测一次；硫化氢属于一般排放口的其他监测指标，因此规定每年监测一次。

（3）对于油气田加热炉排气筒，按规模分为三类对监测频次进行规定，具体频次如下：

①对于单台额定功率大于等于14 MW或20 t/h的油气田加热炉排气筒，参照《排污许可证申请与核发技术规范　工业炉窑》（HJ 1121—2020），规定燃煤燃油类型的加热炉，颗粒物、二氧化硫、氮氧化物按月监测，汞及其化合物、氨、林格曼黑度半年监测一次。燃气类型的加热炉，氮氧化物按月监测，颗粒物、二氧化硫、氨、林格曼黑度半年监测一次。

②对于单台额定功率在0.5 MW（或0.7 t/h）至14 MW（或20 t/h）之间的油气

田加热炉排气筒，属于其他排放口，因此规定所有燃料类型对颗粒物、二氧化硫、氮氧化物、汞及其化合物、林格曼黑度等指标每年监测一次。

③对于单台额定功率小于0.5 MW或0.7 t/h的油气田加热炉排气筒，属于其他排放口，因此规定所有燃料类型的加热炉对颗粒物、二氧化硫、氮氧化物、汞及其化合物、林格曼黑度等指标每年监测一次。对于燃气类型为天然气且单台额定功率小于0.5 MW或0.7 t/h油气田加热炉排气筒，规定每年按10%的比例抽测。

（4）对于稠油开采注汽锅炉排气筒，燃煤、燃油类型的锅炉监测频次参照《排污单位自行监测技术指南　火力发电及锅炉》（HJ 820—2017）的规定。对于燃气类型锅炉，监测频次参照《排污单位自行监测技术指南　火力发电及锅炉》（HJ 820—2017）的规定，但对规模的分类由单台额定功率14 MW或20 t/h，调整至单台额定功率16.1 MW或23 t/h。理由如下：

①稠油开发油田普遍使用的注汽锅炉额定功率大多在23 t/h，但运行负荷均低于20 t/h，且数量巨大。如东北某油气田企业，在用注汽锅炉有358台，其中运行负荷为48～100 t/h的有11台，20～23 t/h的有203台，20 t/h以下的有144台。

②绝大多数以天然气为燃料，进行低氮燃烧改造后，能够稳定达标排放。长期以来对此类设备的废气监测结果显示，其污染物排放稳定且未出现超标现象。

③若按照20 t/h以上安装自动监测设备，投资和运营成本极高。以东北某油气田企业的358台注汽锅炉为例，若按照20 t/h分类，该企业有214台需要安装自动监测设备，1台锅炉需要完成自动监测改造、安装烟气在线监测设备、建设1个监测站房投资估算约为57万元，全部费用达到1.22亿元。

④政府及企业管理难度极大。受稠油开发工艺的影响，注汽锅炉并不会一直持续稳定运行，锅炉的启停操作较为频繁。以西部某油田为例，平均启停炉次数约为25.7台次/年。该油田注汽锅炉2018年计划停炉3 103台次，非计划停炉次数4 257台次，若安装在线监测设备，后期政府备案工作量极大。企业的自动监测设备运维一般由第三方公司承担，但第三方公司往往不具备管理200套以上自动监测设备的技术力量。

有组织废气排放监测点位、监测指标及最低监测频次按表4-2执行。

表 4-2　有组织废气监测点位、监测指标及最低监测频次

监测点位	监测类型	监测指标	监测频次
硫黄回收装置尾气排气筒	—	二氧化硫	自动监测（月）[a]
稠油开采注汽锅炉排气筒（单台额定功率≥16.1 MW 或 23 t/h）	燃气	氮氧化物	自动监测（月）[a]
		颗粒物、二氧化硫、氨[b]、林格曼黑度	季度
稠油开采注汽锅炉排气筒（单台额定功率＜16.1 MW 或 23 t/h）	燃气	氮氧化物	月
		颗粒物、二氧化硫、林格曼黑度	年
油气田加热炉排气筒（单台额定功率≥14 MW 或 20 t/h）	燃煤燃油	颗粒物、二氧化硫、氮氧化物	月
		汞及其化合物[c]、氨[b]、林格曼黑度	半年
	燃气	氮氧化物	月
		颗粒物、二氧化硫、氨[b]、林格曼黑度	半年
油气田加热炉排气筒（0.5 MW 或 0.7 t/h≤单台额定功率 ＜14 MW 或 20 t/h）	所有类型	颗粒物、二氧化硫、氮氧化物、汞及其化合物[c]、林格曼黑度	年
油气田加热炉排气筒（单台额定功率＜0.5 MW 或 0.7 t/h）	所有类型[d]	颗粒物、二氧化硫、氮氧化物、汞及其化合物[c]、林格曼黑度	年
挥发性有机液体储罐、装载设施、废水集输和处理系统的废气收集处理装置排气筒	—	非甲烷总烃[e]	月
		硫化氢	半年
其他有机废气收集处理系统排气筒	—	非甲烷总烃[e]	半年
		硫化氢	年

注：1. 应按照相应分析方法、技术规范同步监测烟气参数。

　　2. 燃煤、燃油稠油开采注汽锅炉的监测要求按照 HJ 820—2017 执行。

[a] 重点排污单位自动监测，其他单位按月监测。

[b] 用液氨等含氨物质作为还原剂，去除烟气中氮氧化物的，可选测。

[c] 仅适用于燃煤加热炉。

[d] 燃料类型为天然气且单台额定功率小于 0.5 MW 或 0.7 t/h 的油气田加热炉排气筒，每年按 10%的比例抽测。

[e] 非甲烷总烃去除效率有要求的，应同时监测污染治理设施进口。

4.3.2　无组织废气

4.3.2.1　监测点位及监测指标的确定

按照《陆上石油天然气开采工业大气污染物排放标准》（GB 39728—2020）的规定，在油气集中处理站、涉及凝析油或天然气凝液的天然气处理厂、储油库边界开展非甲烷总烃监测，并增加海上油气田陆岸终端企业边界监测点位。同时，根据工艺分析，规定若场站处理工艺含脱硫单元时，在企业边界开展硫化氢指标的监测。

对于设备与管线组件密封点，按照《陆上石油天然气开采工业大气污染物排放标准》（GB 39728—2020），规定重点地区的油气集中处理站、天然气处理厂、储油库、海上油气田陆岸终端，载有气态VOCs物料、液态VOCs物料或质量占比≥10%的天然气的设备与管线组件，密封点数量≥2 000个的，应开展泄漏检测。满足《挥发性有机物无组织排放控制标准》（GB 37822—2019）中豁免条件的，可免予泄漏检测。监测指标为泄漏检测值，检测方法按照《陆上石油天然气开采工业大气污染物排放标准》（GB 39728—2020）的规定执行。

4.3.2.2　监测频次的确定

陆上石油天然气开采工业属于采矿业，考虑到石油和天然气开采目前大多采用密闭集输工艺，按照《总则》无组织废气每季度至少开展一次监测，其他无组织废气排放的污染源每年至少开展一次监测的原则，规定场站边界非甲烷总烃、硫化氢指标每季度监测一次。

按照《挥发性有机物无组织排放控制标准》（GB 37822—2019），规定泵、压缩机、搅拌器（机）、阀门、开口阀或开口管线、泄压设备、取样连接系统每半年开展一次泄漏检测，法兰及其他连接件、其他密封设备每年开展一次泄漏检测。

无组织废气排放监测点位、监测指标及最低监测频次按表4-3执行。

表 4-3 无组织废气排放监测点位、监测指标及最低监测频次

监测点位		监测指标	监测频次
企业边界	油气集中处理站、涉及凝析油或天然气凝液的天然气处理厂、储油库、海上油气田陆岸终端	非甲烷总烃、硫化氢 [a]	季度
设备与管线组件密封点 [b]	泵、压缩机、搅拌器（机）、阀门、开口阀或开口管线、泄压设备、取样连接系统	泄漏检测值	半年
	法兰及其他连接件、其他密封设备	泄漏检测值	年

注：1. 应同步监测气象参数。

2. 泄漏检测值的监测要求按照 GB 39728—2020 的规定执行。

[a] 适用于场站内处理工艺含脱硫单元的情况。

[b] 重点地区油气集中处理站、天然气处理厂、储油库、海上油气田陆岸终端，载有气态 VOCs 物料、液态 VOCs 物料或质量占比≥10%的天然气的设备与管线组件，密封点数量≥2 000 个的，应开展泄漏检测。满足 GB 37822—2019 中豁免条件的，可免予泄漏检测。

4.4 厂界环境噪声监测

厂界环境噪声监测点位设置应遵循《总则》中的规定：根据厂内主要噪声源距厂界位置布点；根据厂界周围敏感目标布点；"厂中厂"是否需要监测由内部和外围排污单位协商确定；面临海洋、大江、大河的厂界，原则上不布点；厂界紧邻交通干线不布点；厂界紧邻另一排污单位的，在临近另一排污单位是否布点由排污单位协商确定。

结合陆上石油天然气开采工业各场站的生产实际情况，规定厂界环境噪声监测点位设置应遵循《总则》中的原则，对油气集中处理站、天然气处理厂、储油库、海上油气田陆岸终端、增压站等开展厂界环境噪声监测，同时主要考虑场站内噪声源的分布情况和周边噪声敏感建筑物的位置。

厂界环境噪声每季度至少开展一次昼、夜间噪声监测，监测指标为等效连续A声级，夜间有频发、偶发噪声影响时，应同时测量频发、偶发最大声级。夜间不生产的可不开展夜间噪声监测。

　　由于采油气井场、配气站、集气站（输气站）、计量站、转油站、污水处理站、配注站、放水站、注水站（回注站）、脱水站等仅具有单一功能的场站规模小、设备少，噪声源单一，一般均为稳态噪声，能够稳定达标，具有点多、面广、区域分散、工艺简单、设备设施少等特点，综合考虑噪声排放影响、经济成本等因素，规定采油气井场、配气站、集气站（输气站）、计量站、转油站、污水处理站、配注站、放水站、注水站（回注站）、脱水站等场站内声源装置稳定运行且厂界环境噪声远低于标准限值的小型场站可不开展厂界环境噪声监测。同时，鉴于大部分油气田场站大多地处偏僻戈壁、荒漠，周边无噪声敏感建筑物，规定周边 2 km 范围内无噪声敏感建筑物的场站，可不开展厂界环境噪声监测。

4.5　周边环境质量影响监测

　　法律法规有明确要求的，排污单位应按要求开展周边环境质量影响监测。无明确要求的，若排污单位认为有必要的，可根据实际情况参照表 4-4 对各类场站周边环境空气、地表水、海水、地下水和土壤开展监测。

表 4-4　周边环境质量影响监测指标及最低监测频次

环境要素	监测指标	监测频次
环境空气	甲烷总烃、硫化氢、二氧化硫、氮氧化物、颗粒物	半年
地表水	pH、化学需氧量、五日生化需氧量、氨氮、总磷、石油类、挥发酚、硫化物、阴离子表面活性剂、汞、六价铬、镉、砷、镍、铅	每年丰水期、平水期、枯水期各监测一次
海水	pH、悬浮物、化学需氧量、五日生化需氧量、石油类、挥发酚、硫化物、阴离子表面活性剂、汞、总铬、六价铬、镉、砷、镍、铅	半年
地下水 [a]	石油类、石油烃（C_6—C_9）、石油烃（C_{10}—C_{40}）、汞 [b]、砷、六价铬	半年
土壤 [c]	石油类、石油烃（C_6—C_9）、石油烃（C_{10}—C_{40}）、汞 [b]、砷、六价铬	年

注：[a] 当监测指标出现异常时，可按照 HJ 164—2020 附录 F 中石油和天然气开采业特征项目开展监测。
　　[b] 适用于开采天然气或含汞原油的情况。
　　[c] 当监测指标出现异常时，可按照 GB 36600—2018 表 1 中的污染物项目开展监测。

　　开展环境空气监测的，可按照《环境空气质量手工监测技术规范》（HJ 194—2017）、《环境空气质量监测点位布设技术规范（试行）》（HJ 664—2013）中的相关规定设置监测点位；对于废水排入地表水、海水的排污单位，可按照《地表水环境质量监测技术规范》（HJ 91.2—2022）、《近岸海域环境监测技术规范　第八部分　直排海污染源及对近岸海域水环境影响监测》（HJ 442.8—2020）及受纳水体环境管理要求设置监测断面和监测点位；开展土壤、地下水监测的，可按照《环境影响评价技术导则　地下水环境》（HJ 610—2016）、《地下水环境监测技术规范》（HJ 164—2020）、《环境影响评价技术导则　土壤环境（试行）》（HJ 964—2018）、《土壤环境监测技术规范》（HJ/T 166—2004）的相关规定设置监测点位。

　　环境空气监测指标主要选取石油和天然气开采过程中排放的 5 项主要气态污染物，监测频次参照《总则》要求规定为半年一次。

　　地表水监测指标参照废水总排放口监测指标，结合《地表水环境质量标准》（GB 3838—2002）中的规定，监测频次为每年丰水期、平水期、枯水期各监测一次。

　　海水监测指标参照废水总排放口监测指标，结合《海水水质标准》（GB 3097—1997）中的规定，监测频次为半年一次。

　　地下水、土壤监测指标分别从《地下水环境监测技术规范》（HJ 164—2020）附录 F 中的石油和天然气开采业污染源地下水中的潜在特征项目中、《土壤环境质量　建设用地土壤污染风险管控标准（试行）》（GB 36600—2018）中的污染物项目中，选择石油类、石油烃（C_6—C_9）、石油烃（C_{10}—C_{40}）、汞、砷、六价铬共计 6 项特征监测指标，其中汞监测指标适用于开采天然气或含汞原油的情况。当地下水监测指标出现异常时，可按照《地下水环境监测技术规范》（HJ 164—2020）附录 F 中石油和天然气开采业特征项目开展监测；当土壤监测指标出现异常时，可按照《土壤环境质量　建设用地土壤污染风险管控标准（试行）》（GB 36600—2018）表 1 中的污染物项目开展监测。地下水监测频次参照《地下水环境监测技术规范》（HJ 164—2020）表 1 中要求规定为半年一次，土壤监测频次按照《总则》要求规定为每年一次。

4.6 其他要求

（1）《陆上石油天然气开采工业指南》中未规定的污染物指标

陆上石油天然气开采工业排污单位所持的排污许可证、所执行的污染物排放（控制）标准、环境影响评价文件及其批复［仅限 2015 年 1 月 1 日（含）后取得环境影响评价批复的排污单位］、相关生态环境管理规定明确要求的污染物指标，也应纳入自行监测范围内。另外，除《陆上石油天然气开采工业指南》规定的典型工艺所涉及的污染物指标外，排污单位根据生产过程的原辅用料、生产工艺、中间及最终产品类型、监测结果确定实际排放的，在有毒有害污染物名录或优先控制化学品名录中的污染物指标，或其他有毒污染物指标，也应纳入自行监测范围。这些纳入自行监测范围的污染物指标，应参照《陆上石油天然气开采工业指南》中的表 1～表 3，以及《总则》确定监测点位和监测频次。

（2）监测频次的确定

《陆上石油天然气开采工业指南》规定的监测频次均为最低监测频次，排污单位在确保各指标的监测频次满足《陆上石油天然气开采工业指南》的基础上，可根据《总则》中监测频次的确定原则增加监测频次。监测频次的确定原则为，不应低于国家或地方发布的标准、规范性文件、规划、环境影响评价文件及其批复等明确规定的监测频次；重点排污单位依法依规应当安装使用自动监测设备，非重点排污单位不作强制性要求，相应点位、指标的监测频次参照自行监测技术指南确定；主要排放口的监测频次高于非主要排放口；主要监测指标的监测频次高于其他监测指标；排向敏感地区的应适当增加监测频次；排放状况波动大的，应适当增加监测频次；历史稳定达标状况较差的需增加监测频次，达标状况良好的可以适当降低监测频次；监测成本应与排污企业自身能力相一致，尽量避免重复监测。

（3）其他要求

对于《陆上石油天然气开采工业指南》中未规定的内容，如内部监测点位设置及监测要求、采样方法、监测分析方法、监测质量保证和质量控制、监测方案的描述和变更等按照《总则》执行。

4.7 自行监测方案示例

为了便于对本章中监测方案示例的正确掌握和应用，特别强调以下两点：

第一，本书附录 5 中列出了可供参考的完整的自行监测方案模板示例，排污单位可根据示例和本单位实际情况，进行相应的调整完善，作为本单位的监测方案使用。本章重点针对附录 5 中的监测点位、监测指标、监测频次、监测方法等内容给出示例，对于共性较大的描述性内容和质量控制等相关内容，在本章中不再进行列举，但并不意味着该内容不重要或者不需要。

第二，本书给出的排放限值仅用于示例，可能会存在与实际要求略有差异的情况，这既与各地实际管理要求有关，也与案例企业的特殊情况有关，本书对此不做深入解释和说明。

4.7.1 示例 1：某陆上石油天然气开采企业

（1）企业基本情况

某陆上石油开采企业，主要生产工序包括原油开采、气液分离系统、存储系统、装载系统、火炬系统等。

（2）排污及治理情况

废水：包括工业生产废水。其中工业生产废水通过污水处理装置处理后，全部回用于生产及绿化，不外排；全厂共有雨排口 3 个，由于全年降水量较少，仅在有降水时开展监测，每年监测一次。

废气：全厂现有加热炉和锅炉共计 43 台，共有排放口 35 个，均为燃气炉。

噪声：主要噪声源为泵、空压机、鼓风机、气流声等。

固体废物：主要固体废物为生产过程中产生的含油污泥。对固体废物实行分类收集、贮存，委托有资质的单位进行处置。

（3）企业自行监测开展情况说明

自行监测采用自动监测+手工监测相结合的方式，手工监测机构为公司内部环境监测机构。

自动监测为废气在线分析仪（SO_2、NO_x、O_2、温度、压力、流量、湿度、颗粒物），手工监测包括废水、废气、噪声以及自动监测校验。

（4）自行监测方案

①废水监测

废水排放监测内容见表4-5。

表4-5　废水排放监测内容

监测点位	监测指标	监测频次	分析方法
××联合站雨水排放口	化学需氧量	1次/年	《水质　化学需氧量的测定　重铬酸盐法》（HJ 828—2017）
	石油类	1次/年	《水质　石油类和动植物油类的测定　红外分光光度法》（HJ 637—2018）
××接转站雨水排放口	化学需氧量	1次/年	《水质　化学需氧量的测定　重铬酸盐法》（HJ 828—2017）
	石油类	1次/年	《水质　石油类和动植物油类的测定　红外分光光度法》（HJ 637—2018）
××污水站排放口	化学需氧量	1次/年	《水质　化学需氧量的测定　重铬酸盐法》（HJ 828—2017）
	石油类	1次/年	《水质　石油类和动植物油类的测定　红外分光光度法》（HJ 637—2018）

②有组织废气监测

废气排放监测内容见表4-6。

表 4-6　废气排放监测内容

监测点位	点位编号	监测指标	监测频次	分析方法
××联合站1号锅炉排放口	DA001	氮氧化物	自动监测	《固定污染源废气　氮氧化物的测定　定电位电解法》（HJ 693—2014）
		颗粒物	1次/年	《固定污染源废气中低浓度颗粒物的测定　重量法》（HJ 836—2017）
		二氧化硫	1次/年	《固定污染源排气中二氧化硫的测定　定电位电解法》（HJ 57—2017）
		林格曼黑度	1次/年	《固定污染源排放烟气黑度的测定　林格曼烟气黑度图法》（HJ/T 398—2007）
××联合站2号加热炉排放口	DA002	氮氧化物	1次/月	《固定污染源废气　氮氧化物的测定　定电位电解法》（HJ 693—2014）
		颗粒物	1次/年	《固定污染源废气中低浓度颗粒物的测定　重量法》（HJ 836—2017）
		二氧化硫	1次/年	《固定污染源排气中二氧化硫的测定　定电位电解法》（HJ 57—2017）
		林格曼黑度	1次/年	《固定污染源排放烟气黑度的测定　林格曼烟气黑度图法》（HJ/T 398—2007）
××接转站1号加热炉排放口	DA003	氮氧化物	1次/月	《固定污染源废气　氮氧化物的测定　定电位电解法》（HJ 693—2014）
		颗粒物	1次/年	《固定污染源废气中低浓度颗粒物的测定　重量法》（HJ 836—2017）
		二氧化硫	1次/年	《固定污染源排气中二氧化硫的测定　定电位电解法》（HJ 57—2017）
		林格曼黑度	1次/年	《固定污染源排放烟气黑度的测定　林格曼烟气黑度图法》（HJ/T 398—2007）
××污水站有机废气收集处理排放口	DA004	非甲烷总烃	1次/半年	《固定污染源废气　总烃、甲烷和非甲烷总烃的测定　气相色谱法》（HJ 38—2017）
		硫化氢	1次/年	《空气质量　硫化氢、甲硫醇、甲硫醚和二甲二硫的测定　气相色谱法》（GB/T 14678—93）
…	…	…	…	…

③无组织废气监测

无组织废气排放监测内容见表 4-7。

表 4-7　无组织废气排放监测内容

监测点位	监测指标	监测频次	分析方法
××联合站	厂界非甲烷总烃	1 次/季度	《环境空气　总烃、甲烷和非甲烷总烃的测定　直接进样-气相色谱法》（HJ 604—2017）
	厂界硫化氢	1 次/半年	《空气质量　硫化氢、甲硫醇、甲硫醚和二甲二硫的测定　气相色谱法》（GB/T 14678—93）
	设备与管线组件密封点泄漏检测值	1 次/年	《泄漏和敞开液面排放的挥发性有机物检测技术导则》（HJ 733—2014）、《工业企业挥发性有机物泄漏检测与修复技术指南》（HJ 1230—2021）
××接转站	厂界非甲烷总烃	1 次/季度	《环境空气　总烃、甲烷和非甲烷总烃的测定　直接进样-气相色谱法》（HJ 604—2017）
	厂界硫化氢	1 次/半年	《空气质量　硫化氢、甲硫醇、甲硫醚和二甲二硫的测定　气相色谱法》（GB/T 14678—93）
	设备与管线组件密封点泄漏检测值	1 次/年	《泄漏和敞开液面排放的挥发性有机物检测技术导则》（HJ 733—2014）、《工业企业挥发性有机物泄漏检测与修复技术指南》（HJ 1230—2021）
××污水站	厂界非甲烷总烃	1 次/季度	《环境空气　总烃、甲烷和非甲烷总烃的测定　直接进样-气相色谱法》（HJ 604—2017）
	厂界硫化氢	1 次/半年	《空气质量　硫化氢、甲硫醇、甲硫醚和二甲二硫的测定　气相色谱法》（GB/T 14678—93）
	设备与管线组件密封点泄漏检测值	1 次/年	《泄漏和敞开液面排放的挥发性有机物检测技术导则》（HJ 733—2014）、《工业企业挥发性有机物泄漏检测与修复技术指南》（HJ 1230—2021）

④噪声监测

厂界环境噪声监测内容见表 4-8。

表 4-8　厂界环境噪声监测内容

监测点位	监测指标	排放限值	监测频次	分析方法
××联合站厂界	等效连续 A 声级（L_{eq}）	昼间 60 dB（A）；夜间 50 dB（A）	1 次/季度	《工业企业厂界环境噪声排放标准》（GB 12348—2008）
××接转站厂界	等效连续 A 声级（L_{eq}）	昼间 60 dB（A）；夜间 50 dB（A）	1 次/季度	《工业企业厂界环境噪声排放标准》（GB 12348—2008）
××污水站厂界	等效连续 A 声级（L_{eq}）	昼间 60 dB（A）；夜间 50 dB（A）	1 次/季度	《工业企业厂界环境噪声排放标准》（GB 12348—2008）

⑤土壤监测

对危险废物暂存间周边开展土壤监测，监测内容见表 4-9。

表 4-9　周边土壤监测内容

监测点位	监测指标	监测频次	分析方法
联合站危险废物暂存间	汞	1 次/年	《土壤质量　总汞、总砷、总铅的测定　原子荧光法　第 1 部分：土壤中总汞的测定》（GB/T 22105.1—2008）
	砷	1 次/年	《土壤质量　总汞、总砷、总铅的测定　原子荧光法　第 2 部分：土壤中总砷的测定》（GB/T 22105.2—2008）
	六价铬	1 次/年	《土壤和沉积物六价铬的测定　碱溶液提取-火焰原子吸收分光光度法》（HJ 1082—2019）
	铅、镉	1 次/年	《土壤质量　铅、镉的测定　石墨炉原子吸收分光光度法》（GB/T 17141—1997）
	铜、镍	1 次/年	《土壤和沉积物　铜、锌、铅、镍、铬的测定　火焰原子吸收分光光度法》（HJ 491—2019）
	石油烃（C_{10}—C_{40}）	1 次/年	《土壤和沉积物　石油烃（C_{10}—C_{40}）的测定　气相色谱法》（HJ 1021—2019）
	硝基苯、苯胺、2-氯酚、苯并[a]蒽、苯并[a]芘、苯并[b]荧蒽、苯并[k]荧蒽、䓛、二苯并[a,h]蒽、茚并[1,2,3-c,d]芘	1 次/年	《土壤和沉积物　半挥发性有机物的测定　气相色谱-质谱法》（HJ 834—2017）

监测点位	监测指标	监测频次	分析方法
	间二甲苯+对二甲苯、四氯化碳、氯仿、氯甲烷、1,1-二氯乙烷、1,2-二氯乙烷、1,1-二氯乙烯、顺-1,2-二氯乙烯、反-1,2-二氯乙烯、二氯甲烷、1,2-二氯丙烷、1,1,1,2-四氯乙烷、1,1,2,2,-四氯乙烷、1,1,1-三氯乙烷、1,1,2-三氯乙烷、三氯乙烯、1,2,3-三氯丙烷、氯乙烯、苯、氯苯、1,2-二氯苯、1,4-二氯苯、乙苯、苯乙烯、甲苯、萘、邻二甲苯、四氯乙烯	1次/年	《土壤和沉积物　挥发性有机物的测定　吹扫捕集/气相色谱-质谱法》（HJ 605—2011）

⑥地下水监测

周边地下水监测内容见表 4-10。

表 4-10　周边地下水监测内容

监测点位	监测指标	监测频次	分析方法
联合站危险废物暂存间地下水监测井	石油类	1 次/半年	《水质　石油类和动植物油类的测定　红外分光光度法》（HJ 637—2018）
	石油烃（C_6—C_9）	1 次/半年	《水质　挥发性石油烃（C_6—C_9）的测定　吹扫捕集气相色谱法》（HJ 893—2017）
	石油烃（C_{10}—C_{40}）	1 次/半年	《水质　可萃取性石油烃（C_{10}—C_{40}）的测定　气相色谱法》（HJ 894—2017）
	汞	1 次/半年	《水质　汞、砷、硒、铋和锑的测定　原子荧光法》（HJ 694—2014）
	砷	1 次/半年	《水质　汞、砷、硒、铋和锑的测定　原子荧光法》（HJ 694—2014）
	六价铬	1 次/半年	《水质　六价铬的测定　流动注射-二苯碳酰二肼光度法》（HJ 908—2017）

4.7.2　示例 2：某天然气净化厂

（1）企业概况

①企业基本情况

×××天然气净化厂是对天然气进行脱硫、脱水，以及对产出的酸气和废水进行处理的场站，主要包括脱硫装置、脱水装置、硫黄回收装置、尾气处理装置、酸水汽提装置、硫黄成型装置、污水处理装置、火炬及放空系统及厂区配套的供热系统、供水系统、循环水系统、燃料气系统、供配电系统等辅助生产设施。主要产品为商品天然气，副产品为工业硫黄。

②排污及治理情况

某天然气净化厂位于大气污染防治重点区域，在生产环节产生的主要污染物包括废气、废水、噪声、固体废物，已办理排污许可证。

废水：包括工业生产废水和雨水。其中工业生产废水通过污水处理装置处理后，部分回用于生产，部分用于绿化，不外排；雨水在暴雨时间断排放，共有 6 个雨水排放口，直接进入江河等水环境，排放期间流量不稳定且无规律，但属于冲击型排放。

废气：主要包括燃气锅炉废气排放口（5 个）、硫黄回收装置尾气排放口（3 个），均为处理后燃烧排放。

噪声：主要噪声源为泵、空压机、鼓风机、气流声等。

固体废物：生产场所固体废物主要为袋式（电袋）除尘器产生的破旧布袋、废旧盘根、污泥、清管废渣、废机油、废过滤吸附介质、废催化剂等。对固体废物实行分类收集、贮存，委托有资质的单位进行处置。

（2）企业自行监测开展情况说明

自行监测采用自动监测+手工监测相结合的方式，手工监测单位为公司内部环境监测机构。

自动监测为废气在线分析仪（SO_2、NO_x、O_2、温度、压力、流量、湿度、颗粒物），手工监测包括废水、废气、噪声以及自动监测校验。

（3）自行监测方案

①废水监测

针对雨水排放口，有流动水排放时按季度监测（表4-11）。

表4-11　废水排放监测内容

监测点位	监测指标	排放限值/（mg/L）	监测频次	分析方法
雨水排放口（6个）	化学需氧量	—	1次/季度，每季度第一次排水期间开展监测	《水质　化学需氧量的测定　重铬酸盐法》（HJ 828—2017）
	石油类	—	1次/季度，每季度第一次排水期间开展监测	《水质　石油类和动植物油类的测定　红外分光光度法》（HJ 637—2018）

②废气监测

针对锅炉废气排放口、硫黄回收装置尾气排放口，进行有组织废气排放监测（表4-12）。

表4-12　有组织废气排放监测内容

监测点位	监测指标	排放限值	监测频次	分析方法
锅炉废气排放口（5个，燃气）	氮氧化物	150 mg/m³	自动	《固定污染源废气　氮氧化物的测定定电位电解法》（HJ 693—2014）
	颗粒物	20 mg/m³	1次/季度	《固定污染源排气中颗粒物测定与气态污染物采样方法》（GB/T 16157—1996）及其修改单、《固定污染源废气中低浓度颗粒物的测定　重量法》（HJ 836—2017）
	二氧化硫	50 mg/m³	1次/季度	《固定污染源排气中二氧化硫的测定定电位电解法》（HJ 57—2017）
	林格曼黑度	1级	1次/季度	《固定污染源排放烟气黑度的测定林格曼烟气黑度图法》（HJ/T 398—2007）
硫黄回收装置尾气排放口（3个）	二氧化硫	400 mg/m³	自动	—

对净化厂厂界、设备与管线组件密封点进行无组织废气排放监测（表4-13）。

表4-13　无组织废气排放监测内容

监测点位	监测指标	排放限值	监测频次	分析方法
净化厂厂界	非甲烷总烃	4.0 mg/m³	1 次/季度	《环境空气　总烃、甲烷和非甲烷总烃的测定　直接进样-气相色谱法》（HJ 604—2017）
	硫化氢	0.06 mg/m³	1 次/半年	《空气质量　硫化氢、甲硫醇、甲硫醚和二甲二硫的测定　气相色谱法》（GB/T 14678—93）
设备与管线组件密封点	泄漏检测值	气态 VOCs 物料、天然气、挥发性有机液体：2 000 μmol/mol；其他液态 VOCs 物料：500 μmol/mol	1 次/年	《泄漏和敞开液面排放的挥发性有机物检测技术导则》（HJ 733—2014）、《工业企业挥发性有机物泄漏检测与修复技术指南》（HJ 1230—2021）

③厂界环境噪声监测

对厂界四周环境噪声开展监测（表4-14）。

表4-14　厂界环境噪声监测内容

监测点位	监测指标	排放限值	监测频次	分析方法
净化厂厂界	等效连续 A 声级（L_{eq}）	昼间 60 dB（A）；夜间 50 dB（A）	季度	《工业企业厂界环境噪声排放标准》（GB 12348—2008）

④周边环境质量影响监测

对周边地下水环境质量影响状况进行监测（表4-15）。

表4-15　周边环境质量影响监测内容

监测点位	监测指标	监测频次	分析方法
地下水	石油类	1 次/半年	《水质　石油类和动植物油类的测定　红外分光光度法》（HJ 637—2018）
	石油烃（C_6—C_9）	1 次/半年	《水质　挥发性石油烃（C_6—C_9）的测定　吹扫捕集气相色谱法》（HJ 893—2017）

监测点位	监测指标	监测频次	分析方法
地下水	石油烃（C_{10}—C_{40}）	1 次/半年	《水质　可萃取性石油烃（C_{10}—C_{40}）的测定　气相色谱法》（HJ 894—2017）
	汞	1 次/半年	《水质　汞的测定　冷原子荧光法（试行）》（HJ/T 341—2007）
	砷	1 次/半年	《水质　汞、砷、硒、铋和锑的测定　原子荧光法》（HJ 694—2014）
	六价铬	1 次/半年	《水质　六价铬的测定　流动注射-二苯碳酰二肼光度法》（HJ 908—2017）

第 5 章　监测设施设置与维护要求

　　监测设施是监测活动开展的重要基础，监测设施的规范性直接影响监测数据质量。我国涉及的监测设施设置与维护要求的标准规范有很多，但相对零散，且存在衔接不够紧密的地方。本章立足现有的标准规范，结合污染源监测实际开展情况，对监测设施设置与维护要求进行全面梳理和总结，供开展污染源监测的相关人员参考。

5.1　基本原则和依据

5.1.1　基本原则

　　排污单位应当依据国家污染源监测相关标准规范、污染物排放标准、自行监测相关技术指南和其他相关规定等进行监测点位的确定和排污口规范化设置；地方颁布执行的污染源监测标准规范、污染物排放标准等对监测点位的确定和排污口规范化设置有要求时，可按照地方规范、标准从严执行。

5.1.2　相关依据

　　排污单位的排污口主要包括废水排放口和废气排放口。

　　目前，国家有关废水监测点位确定及排污口规范化设置的标准规范主要包括：

《污水监测技术规范》（HJ 91.1—2019）、《水污染物排放总量监测技术规范》（HJ/T 92—2002）、《固定污染源监测质量保证与质量控制技术规范（试行）》（HJ/T 373—2007）、《水污染源在线监测系统（COD$_{Cr}$、NH$_3$-N 等）安装技术规范》（HJ 353—2019）等。

废气监测点位确定及规范化设置的标准规范主要包括《固定污染源排气中颗粒物测定与气态污染物采样方法》（GB/T 16157—1996）、《固定源废气监测技术规范》（HJ/T 397—2007）、《固定污染源监测质量保证与质量控制技术规范（试行）》（HJ/T 373—2007）、《固定污染源烟气（SO$_2$、NO$_x$、颗粒物）排放连续监测技术规范》（HJ 75—2017）、《固定污染源烟气（SO$_2$、NO$_x$、颗粒物）排放连续监测系统技术要求及检测方法》（HJ 76—2017）等。

对于各类污染物排放口监测点位标志牌的规范化设置，主要依据《排放口标志牌技术规格》（环办〔2003〕95 号），以及《环境保护图形标志——排放口（源）》（GB 15562.1—1995）等执行。

此外，《排污口规范化整治技术要求（试行）》（环监〔1996〕470 号）对排污口规范化整治技术提出了总体要求，部分省（自治区、直辖市）和地级市也对其辖区排污口的规范化管理发布了技术规定和标准；各行业污染物排放标准以及各重点行业的排污单位自行监测的相关技术指南则对废水、废气排放口监测点位进行了进一步明确。

5.2　废水监测点位的确定及排污口规范化设置

5.2.1　废水排放口的类型及监测点位确定

排污单位的废水排放口一般包括废水总排口、车间废水排放口、雨水排放口、生活污水排放口等。

废水总排口排放的废水一般应包括排污单位的生产废水、生活废水、初期雨水、事故废水等，开展自行监测的排污单位均须在废水总排放口设置监测点位。

对于排放一类污染物的排污单位，即排放环境中难以降解或能在动植物体内蓄积，对人体健康和生态环境产生长远不良影响，具有致癌、致畸、致突变污染物的排污单位，必须在车间废水排放口设置监测点位，对一类污染物进行监测。

考虑到排污单位生产过程中，可能会有部分污染物通过雨水排放排系统排入外环境，因此排污单位还应在雨水排放口设置监测点位，并在雨水排放口有雨水排放时开展监测。

部分排污单位的生产废水和生活污水分别设置了排放口，对于此类排污单位，除在生产废水排放口设置监测点位外，还应在生活污水排放口设置监测点位。

此外，排污单位还应根据各行业自行监测技术指南的相关要求设置监测点位。

5.2.2　废水排放口的规范化设置

废水排放口的设置，应满足以下要求：

（1）排放口应按照《环境保护图形标志——排放口（源）》（GB 15562.1—1995）的要求设置明显标志，废水排放口可以是矩形、圆形或梯形，一般使用混凝土、钢板或钢管等原料。

（2）排放口应满足现场采样和流量测定要求，用暗管或暗渠排污的，应设置一段能满足采样条件和流量测量的明渠。测流段水流应平直、稳定、集中，无下游水流顶托影响，上游顺直长度应大于 5 倍测流段最大水面宽度，同时测流段水深应大于 0.1 m 且不超过 1 m。

（3）废水排放口应能够方便安装三角堰、矩形堰、测流槽等测流装置或其他计量装置。有废水自动监测设施的排放口，还应满足安装污水水量自动计量装置（如超声波明渠流量计、管道式电磁流量计等）、采样取水系统、水质自动采样器等设备、设施的要求。

（4）排污单位应单独设置各类废水排放口，避免多家不同排污单位共用一个废水排放口。

5.2.3　采样点及监测平台的规范化设置

各类废水排放口的实际采样位置即采样点，一般应设在排污单位厂界内或厂界外不超过 10 m 范围内。压力管道式排放口应安装取样阀门；废水直接从暗渠排入市政管道的，应在排污单位厂界内或排入市政管道前设置取样口。有条件的排污单位应尽量设置一段能满足采样条件的明渠，以方便采样。

污水面在地面以下超过 1 m 的排放口，应配建取样台阶或梯架。监测平台面积应不小于 1 m²，平台应设置不低于 1.2 m 的防护栏、高度不低于 10 cm 的脚部挡板。监测平台、梯架通道及防护栏的相关设计载荷及制造安装应符合《固定式钢梯及平台安全要求　第 3 部分：工业防护栏杆及钢平台》（GB 4053.3—2009）的要求。

应保证污水监测点位场所通风、照明正常，还应在有毒有害气体的监测场所设置强制通风系统，并安装相应的气体浓度报警装置。

5.2.4　废水自动监测设施的规范化设置

5.2.4.1　监测站房

废水自动监测站房的设置，应满足以下要求：

（1）应建有专用监测站房，新建监测站房面积应满足不同监控站房的功能需要，并保证水污染源在线监测系统的摆放、运转和维护，使用面积应不小于 15 m²，站房高度应不低于 2.8 m。

（2）监测站房应尽量靠近采样点，与采样点的距离应小于 50 m。

（3）监测站房应安装空调和冬季采暖设备，空调具有来电自启动功能，具备温湿度计，保证室内清洁，环境温度、相对湿度和大气压等应符合《工业过程测量和控制装置　工作条件　第一部分：气候条件》（GB/T 17214.1—1998）的要求。

（4）监测站房内应配置安全合格的配电设备，能提供足够的电力负荷，功率

≥5 kW，站房内应配置稳压电源。

（5）监测站房内应有合格的给排水设施，使用符合实验要求的用水清洗仪器及有关装置。

（6）监测站房应有完善规范的接地装置和避雷措施、防盗和防止人为破坏的设施，接地装置安装工程的施工应满足《电气装置安装工程　接地装置施工及验收规范》（GB 50169—2016）的相关要求，建筑物防雷设计应满足《建筑物防雷设计规范》（GB 50057—2010）的相关要求。

（7）监测站房内应配备灭火器箱、手提式二氧化碳灭火器、干粉灭火器或沙桶等，并按消防相关要求布置。

（8）监测站房不应位于通信盲区，应能够实现数据传输。

（9）监测站房的设置应避免对企业安全生产和环境造成影响。

（10）监测站房内、采样口等区域应安装视频监控设施。

5.2.4.2　水质自动采样单元的设置

废水自动监测设备的水质自动采样单元设置，应满足以下要求：

（1）水质自动采样单元具有采集瞬时水样及混合水样，混匀及暂存水样、自动润洗及排空混匀桶，以及留样功能。

（2）pH 水质自动分析仪和温湿度计应原位测量或测量瞬时水样。

（3）COD_{Cr}、TOC、NH_3-N、TP、TN 水质自动分析仪应测量混合水样。

（4）水质自动采样单元的构造应保证将水样不变质地输送至各水质分析仪，应有必要的防冻和防腐设施。

（5）水质自动采样单元应设置混合水样的人工比对采样口。

（6）水质自动采样单元的管路宜设置为明管，并标注水流方向。

（7）水质自动采样单元的管材应采用优质的聚氯乙烯（PVC）、三丙聚丙烯（PPR）等不影响分析结果的硬管。

（8）采用明渠流量计测量流量时，水质自动采样单元的采水口应设置在堰槽前方，合流后充分混合的场所，并尽量设在流量监测单元标准化计量堰（槽）取水口头部的流路中央，采水口朝向与水流的方向一致，减少采水部前端的堵塞。采水装置宜设置成可随水面的涨落而上下移动的形式。

（9）采样泵应根据采样流量、水质自动采样单元的水头损失及水位差合理选择。应使用寿命长、易维护，并且对水质参数没有影响的采样泵，安装位置应便于采样泵的维护。

5.2.4.3　水污染源在线监测仪器安装要求

水污染源在线监测仪器的安装，应满足以下要求：

（1）水污染源在线监测仪器的各种电缆和管路应加保护管，保护管应在地下铺设或空中架设，空中架设的电缆应附着在牢固的桥架上，并在电缆、管路以及电缆和管路的两端设立明显标识。电缆线路的施工应满足《电气装置安装工程　电缆线路施工及验收标准》（GB 50168—2018）的相关要求。

（2）各仪器应落地或壁挂式安装，有必要的防振措施，保证设备安装牢固稳定。在仪器周围应留有足够空间，方便仪器维护。其他要求参照仪器相应说明书相关内容，应满足《自动化仪表工程施工及质量验收规范》（GB 50093—2013）的相关要求。

（3）必要时（如南方的雷电多发区），仪器和电源也应设置防雷设施。

5.2.4.4　流量计的安装要求

流量计的安装，应满足以下要求：

（1）采用明渠流量计测定流量，应按照《明渠堰槽流量计试行检定规程》（JJG 711—1990）、《城市排水流量堰槽测量标准　三角形薄壁堰》（CJ/T 3008.1—1993）、《城市排水流量堰槽测量标准　矩形薄壁堰》（CJ/T 3008.2—1993）、《城市排水流量堰槽测量标准　巴歇尔量水槽》（CJ/T 3008.3—1993）等技术要求修建或安装标准化计量堰（槽），并通过计量部门检定。主要流量堰槽的安装规范见《水污染源在线监测系统（COD$_{Cr}$、NH$_3$-N 等）安装技术规范》（HJ 353—2019）的附录 D。

（2）应根据测量流量范围选择合适的标准化计量堰（槽），根据计量堰（槽）的类型确定明渠流量计的安装点位，具体要求如表 5-1 所示。

表 5-1　明渠流量计的安装点位

序号	堰槽类型	测量流量范围/（m³/s）	安装位置
1	巴歇尔槽	0.1×10⁻³～93	应位于堰槽入口段（收缩段）1/3 处
2	三角形薄壁堰	0.2×10⁻³～1.8	应位于堰板上游 3～4 倍最大液位处
3	矩形薄壁堰	1.4×10⁻³～49	应位于堰板上游 3～4 倍最大液位处

（3）采用管道电磁流量计测定流量，应按照《环境保护产品技术要求　电磁管道流量计》（HJ/T 367—2007）等进行选型、设计和安装，并通过计量部门检定。

（4）电磁流量计在垂直管道上安装时，被测流体的流向应自下而上，在水平管道上安装时，两个测量电极不应在管道的正上方和正下方位置。流量计上游直管段长度和安装支撑方式应符合设计文件要求。管道设计应保证流量计测量部分管道水流时刻满管。

（5）流量计应安装牢固稳定，有必要的防振措施。仪器周围应留有足够空间，方便仪器维护与比对。

5.3　废气监测点位的确定及规范化设置

5.3.1　废气排放口类型及监测点位的确定

排污单位的废气排放口一般包括生产设施工艺废气排放口、自备火力发电机组（厂）或配套动力锅炉废气排放口、污染处理设施排放口（如自备危险废物焚烧炉废气排放口、污水处理设施废气排放口）等。

排气筒（烟道）是目前排污单位废气有组织排放的主要排放口类型，因此，有组织废气的监测点位通常设置在排气筒（烟道）的横截断面（即监测断面）上，并通过监测断面上的监测孔完成废气污染物的采样监测及废气工况参数的测量。

废气排放口监测点位的确定包括监测断面的设置及监测孔的设置两部分。排污单位应按照相关技术规范、标准的规定，根据所监测的污染物类别、监测技术手段的不同要求，先确定具体的废气排放口监测断面位置，再确定监测断面上监测孔的位置和数量。

5.3.2　监测断面规范化设置

5.3.2.1　基本要求

废气排放口监测断面包括手工监测断面和自动监测断面，监测断面设置应满足以下基本要求：

（1）监测断面应避开对测试人员操作有危险的场所，并在满足相关监测技术规范、标准规定的前提下，尽量选择方便监测人员操作、设备运输、安装的位置进行设置。

（2）若一个固定污染源排放的废气先通过多个烟道或管道后进入该固定污染源的总排气管，应尽可能将废气监测断面设置在总排气管上，不得只在其中的一个烟道或管道上设置监测断面开展监测并将测定值作为该源的排放结果；但允许在每个烟道或管道上均设置监测断面并同步开展废气污染物排放监测。

（3）监测断面一般优先选择设置在烟道垂直管段和负压区域，应避开烟道弯头和断面急剧变化的部位，确保所采集样品的代表性。

5.3.2.2　手工监测断面设置的具体要求

对于废气手工监测断面，在满足 5.3.2.1 节基本要求的同时，还应按照以下具体规定进行设置：

（1）颗粒态污染物及流速、流量监测断面

①监测断面的流速应不小于 5 m/s。

②监测断面位置应设置在距弯头、阀门、变径管下游方向不小于 6 倍直径（当量直径）和距上述部件上游方向不小于 3 倍直径（当量直径）处。

对矩形烟道，其当量直径按式（5-1）计算：

$$D = \frac{2AB}{A+B} \qquad (5\text{-}1)$$

式中：A、B——边长。

③现场空间位置有限，很难满足②中要求时，可选择比较适宜的管段采样。手工监测位置与弯头、阀门、变径管等的距离至少是烟道直径的 1.5 倍，并应适当增加测点的数量和采样频次。

（2）气态污染物监测断面

手工监测时若需要同步监测颗粒态污染物及流速、流量，则监测断面应按照 5.3.2.2（1）中的相关要求设置；否则，可不按上述要求设置，但要避开涡流区。

5.3.2.3　自动监测断面设置的具体要求

对于废气自动监测断面，在满足 5.3.2.1 节基本要求的同时，还应按照以下具体规定进行设置：

（1）一般要求

①位于固定污染源排放控制设备的下游和比对监测断面、比对采样监测孔的上游，且便于用参比方法进行校验；

②不受环境光线和电磁辐射的影响；

③烟道振动幅度尽可能小；

④安装位置应尽量避开烟气中水滴和水雾的干扰，如不能避开，应选用能够适用的检测探头及仪器；

⑤安装位置不漏风；

⑥固定污染源烟气净化设备设置有旁路烟道时，应在旁路烟道内安装自动监测设备采样和分析探头。

（2）颗粒态污染物及流速、流量监测断面

①监测断面的流速应不小于 5 m/s。

②用于颗粒物及流速自动监测设备采样和分析探头安装的监测断面位置，应设置在距弯头、阀门、变径管下游方向不小于 4 倍烟道直径，以及距上述部件上游方向不小于 2 倍烟道直径处。矩形烟道当量直径可按照式（5-1）计算。

③无法满足②中要求时，颗粒物及流速自动监测设备采样和分析探头的安装位置尽可能设置在气流稳定的断面，并采取相应措施保证监测断面烟气分布相对均匀，断面无紊流。对烟气分布均匀程度的判定采用相对均方根 σ_r 法，当 $\sigma_r \leqslant 0.15$ 时视为烟气分布均匀，σ_r 按式（5-2）计算：

$$\sigma_r = \sqrt{\frac{\sum\limits_{i=1}^{n}(v_i - \overline{v})^2}{(n-1) \times \overline{v}^2}} \tag{5-2}$$

式中：v_i——测点烟气流速，m/s；

$\overline{v}$——截面烟气平均流速，m/s；

n——截面上的速度测点数目，测点的选择按照《固定污染源排气中颗粒物测定与气态污染物采样方法》（GB/T 16157—1996）执行。

（3）气态污染物监测断面

①气态污染物自动监测设备采样和分析探头的安装位置，应设置在距弯头、阀门、变径管下游方向不小于 2 倍烟道直径，以及距上述部件上游方向不小于 0.5 倍烟道直径处。矩形烟道当量直径可按照式（5-1）计算。

②无法满足①中要求时，应按照 5.3.2.3（2）③中的相关要求及式（5-2）计算，设置监测断面。

③同步进行颗粒态污染物及流速、流量监测的，应优先满足颗粒态污染物及流速、流量监测断面的设置条件，监测断面的流速应不小于 5 m/s。

5.3.3　监测孔的规范化设置

5.3.3.1　监测孔规范化设置的基本要求

监测孔一般包括用于废气污染物排放监测的手工监测孔、用于废气自动监测设备校验的参比方法采样监测孔。

监测孔的设置应满足以下基本要求：

（1）监测孔位置应便于人员开展监测工作，应设置在规则的圆形或矩形烟道上，不宜设置在烟道的顶层。

（2）对于输送高温或有毒有害气体的烟道，监测孔应开在烟道的负压段；若负压段不能满足开孔需求，对正压下输送高温和有毒气体的烟道应安装带有闸板阀的密封监测孔，见图 5-1。

1—闸板阀手轮；2—闸板阀阀杆；3—闸板阀阀体；4—烟道；5—监测孔管；6—采样枪

图 5-1　带有闸板阀的密封监测孔

（3）监测孔的内径一般不小于 80 mm，新建或改建污染源废气排放口监测孔的内径应不小于 90 mm；监测孔管长不大于 50 mm（安装闸板阀的监测孔管除外）。监测孔在不使用时用盖板或管帽封闭，在监测使用时应易开合。

5.3.3.2　手工监测开孔的具体要求

在确定的监测断面上设置手工监测的监测孔时，应在满足 5.3.3.1 节基本要求的同时，按照以下具体规定设置：

（1）若监测断面为圆形的烟道，监测孔应设在包括各测点在内的互相垂直的直径线上，其中，断面直径小于 3 m 时，应设置相互垂直的 2 个监测孔；断面直径大于 3 m 时，应尽量设置相互垂直的 4 个监测孔，见图 5-2。

（2）若监测断面为矩形烟道，监测孔应设在包括各测点在内的延长线上，其中，监测断面宽度大于 3 m 时，应尽量在烟道两侧对开监测孔，具体监测孔数量按照《固定污染源排气中颗粒物测定与气态污染物采样方法》（GB/T 16157—1996）的要求确定，见图 5-3。

1—测点；2—监测孔

图 5-2　圆形断面测点与监测孔

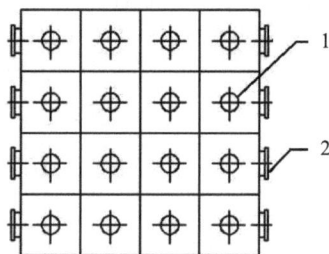

1—测点；2—监测孔

图 5-3　矩形断面测点与监测孔

5.3.3.3　自动监测设备参比方法采样监测开孔的具体要求

废气自动监测设备参比方法采样监测孔的设置，在满足 5.3.3.1 节基本要求的同时，还应按照以下具体规定设置：

（1）应在自动监测断面下游预留参比方法采样监测孔，在互不影响测量的前提下，参比方法采样监测孔应尽可能靠近废气自动监测断面，距离以 0.5 m 为宜。

（2）对于监测断面为圆形的烟道，参比方法采样监测孔应设在包括各测点在内的互相垂直的直径线上，其中，断面直径小于 4 m 时，应设置相互垂直的 2 个监测孔；断面直径大于 4 m 时，应设置相互垂直的 4 个监测孔。

（3）若监测断面为矩形烟道，参比方法采样监测孔应设在包括各测点在内的延长线上，监测断面宽度大于 4 m 时，应尽量在烟道两侧对开监测孔，具体监测孔数量按照《固定污染源排气中颗粒物测定与气态污染物采样方法》（GB/T 16157—1996）的要求确定。

5.3.4　监测平台的规范化设置

监测平台应设置在监测孔的正下方 1.2～1.3 m 处，应安全、便于开展监测活动，必要时应设置多层平台以满足与监测孔距离的要求。

仅用于手工监测的平台可操作面积应大于 1.5 m²（长度、宽度均不小于 1.2 m），最好应在 2 m² 以上。用于安装废气自动监测设备和进行参比方法采样监测的平台面积在 4 m² 以上（长度、宽度均不小于 2 m），或不小于采样枪长度外延 1 m。

监测平台应易于人员和监测仪器到达。应根据平台高度，按照《固定式钢梯及平台安全要求　第 1 部分：钢直梯》（GB 4053.1—2009）、《固定式钢梯及平台安全要求　第 2 部分：钢斜梯》（GB 4053.2—2009）的要求，设置直梯或斜梯。当监测平台距离地面或其他坠落面超过 2 m 时，不应设置直梯，应有通往平台的斜梯、旋梯或通过升降梯、电梯到达，斜梯、旋梯宽度应不小于 0.9 m，梯子倾角不超过 45°，其他具体指标详见 GB 4053.1—2009 和 GB 4053.2—2009。监测平台距离地面或其他坠落面超过 20 m 时，应有通往平台的升降梯，见图 5-4。

监测平台、通道的防护栏杆的高度应不低于 1.2 m，踢脚板不低于 10 cm。监测平台、通道、防护栏的设计载荷、制造安装、材料、结构及防护要求应符合《固定式钢梯及平台安全要求　第 3 部分：工业防护栏杆及钢平台》（GB 4053.3—2009）的要求，见图 5-5。

1—踏板；2—梯梁；3—中间栏杆；4—立柱；5—扶手；H—梯高；L—梯跨；

h_1—栏杆高；h_2—扶手高；α—梯子倾角；i—踏步高；g—踏步宽

图 5-4 固定式钢斜梯

1—扶手（顶部栏杆）；2—中间栏杆；3—立柱；4—踢脚板；H—栏杆高度

图 5-5 防护栏杆

监测平台应设置一个防水低压配电箱，内设漏电保护器、不少于 2 个 16 A 插座及 2 个 10 A 插座，保证监测设备所需电力。

监测平台附近有造成人体机械伤害、灼烫、腐蚀、触电等危险源的，应在平台相应位置设置防护装置。监测平台上方有坠落物体隐患时，应在监测平台上方高处设置防护装置。防护装置的设计与制造应符合《机械安全　防护装置　固定式和活动式防护装置的设计与制造一般要求》（GB/T 8196—2018）的要求。

排放剧毒、致癌物及对人体有严重危害物质的监测点位应储备相应安全防护装备。

5.3.5　废气自动监测设施的规范化设置

5.3.5.1　监测站房的设置

废气自动监测站房的设置，应满足以下要求：

（1）应为室外的废气连续监测系统（CEMS）提供独立站房，监测站房与采样点之间距离应尽可能近，原则上不超过 70 m。

（2）监测站房的地面使用荷载≥20 kN/m^2。若站房内仅放置单台机柜，面积应≥（2.5×2.5）m^2。若同一站房放置多套分析仪表的，每增加一台机柜，站房面积应至少增加 3 m^2，以便于开展运维操作。站房空间高度应≥2.8 m，站房建在标高≥0 m 处。

（3）监测站房内应安装空调和采暖设备，室内温度应保持在 15～30℃，相对湿度应≤60%，空调应具有来电自动重启功能，站房内应安装排风扇或其他通风设施。

（4）监测站房内配电功率能够满足仪表实际要求，功率不少于 8 kW，至少预留三孔插座 5 个、稳压电源 1 个、UPS 电源 1 个。

（5）监测站房内应配备不同浓度的有证标准气体，且在有效期内。标准气体应当包含零气（含二氧化硫、氮氧化物浓度均≤0.1 μmol/mol 的标准气体，一般为高纯氮气，纯度≥99.999%；当测量烟气中二氧化碳时，零气中二氧化碳浓度≤400 μmol/mol，含有其他气体的浓度不得干扰仪器的读数）和 CEMS 测量的各种气体（SO_2、NO_x、O_2）的量程标气，以满足日常零点、量程校准、校验的需要。低浓度标准气体可由高浓度标准气体通过经校准合格的等比例稀释设备获得（精密度≤1%），也可单独配备。

（6）监测站房应有必要的防水、防潮、隔热、保温措施，在特定场合还应具备防爆功能。

（7）监测站房应具有能够满足废气自动监测系统数据传输要求的通信条件。

5.3.5.2 自动监测设备的安装施工要求

（1）废气自动监测系统安装施工应符合《自动化仪表工程施工及质量验收规范》（GB 50093—2013）、《电气装置安装工程电缆线路施工及验收标准》（GB 50168—2018）的规定。

（2）施工单位应熟悉废气自动监测系统的原理、结构、性能，应编制施工方案、施工技术流程图、设备技术文件、设计图样、监测设备及配件货物清单交接明细表、施工安全细则等有关文件。

（3）设备技术文件应包括资料清单、产品合格证、机械结构、电气、仪表安装的技术说明书、装箱清单、配套件、外购件检验合格证和使用说明书等。

（4）设计图样应符合技术制图、机械制图、电气制图、建筑结构制图等标准的规定。

（5）设备安装前的清理、检查及保养应符合以下要求。

①按交货清单和安装图样明细表清点检查设备及零部件，缺损件应及时处理，更换补齐。

②运转部件如取样泵、压缩机、监测仪器等，滑动部位均须清洗、注油润滑防护。

③因运输造成变形的仪器、设备的结构件应校正，并重新涂刷防锈漆及表面油漆，保养完毕后应恢复原标记。

（6）现场端连接材料（垫片、螺母、螺栓、短管、法兰等）为焊件组对成焊时，壁（板）的错边量应符合以下要求：

①管子或管件对口、内壁齐平，最大错边量≤1 mm；

②采样孔的法兰与连接法兰几何尺寸极限偏差不超过±5 mm，法兰端面的垂直度极限偏差≤0.2%；

③采用透射法原理颗粒物监测仪器发射单元和颗粒物监测仪反射单元，测量光束从发射孔的中心出射到对面中心线相叠合的极限偏差≤0.2%。

（7）从探头到分析仪的整条采样管线的铺设应采用桥架或穿管等方式，保证整条管线具有良好的支撑。管线倾斜度≥5°，防止管线内积水，在每隔 4～5 m 处装线卡箍。当使用伴热管线时应具备稳定、均匀加热和保温的功能；其设置加热温度≥120℃，且应高于烟气露点温度 10℃，其实际温度值应能够在机柜或系统软件中显示查询。

（8）电缆桥架安装应满足最大直径电缆的最小弯曲半径要求。电缆桥架的连接应采用连接片。配电套管应采用钢管和 PVC 管材质配线管，其弯曲半径应满足最小弯曲半径要求。

（9）应将动力与信号电缆分开敷设，保证电缆通路及电缆保护管的密封，自控电缆应符合输入和输出分开、数字信号和模拟信号分开配线和敷设的要求。

（10）安装精度和连接部件坐标尺寸应符合技术文件和图样规定。监测站房仪器应排列整齐，监测仪器顶平直度和平面度应不大于 5 mm，监测仪器牢固固定，可靠接地。二次接线正确、牢固可靠，配导线的端部应标明回路编号。配线工艺整齐，绑扎牢固，绝缘性好。

（11）各连接管路、法兰、阀门封口垫圈应牢固完整，均不得有漏气、漏水现象。保持所有管路畅通，保证气路阀门、排水系统安装后应畅通和启闭灵活。自动监测系统空载运行 24 小时后，管路不得出现脱落、渗漏、振动强烈的现象。

（12）反吹气应为干燥清洁气体，反吹系统应进行耐压强度试验，试验压力为常用工作压力的 1.5 倍。

（13）电气控制和电气负载设备的外壳防护应符合《外壳防护等级（IP 代码）》（GB/T 4208—2017）的技术要求，户内达到防护等级 IP 24 级，户外达到防护等级 IP 54 级。

（14）防雷、绝缘要求。

①系统仪器设备的工作电源应有良好的接地措施，接地电缆应采用大于 4 mm^2 的独芯护套电缆，接地电阻小于 4 Ω，且不能和避雷接地线共用。

②平台、监测站房、交流电源设备、机柜、仪表和设备金属外壳、管缆屏蔽层和套管的防雷接地，可利用厂内区域保护接地网，采用多点接地方式。厂区内不能提供接地线或提供的接地线达不到要求的，应在子站附近重做接地装置。

③监测站房的防雷系统应符合《建筑物防雷设计规范》（GB 50057—2010）的规定，电源线和信号线设防雷装置。

④电源线、信号线与避雷线的平行净距离≥1 000 m，交叉净距离≥300 m，见图 5-6。

图 5-6　电源线、信号线与避雷线距离示意图

⑤由烟囱或主烟道上数据柜引出的数据信号线要经过避雷器引入监测站房，应将避雷器接地端同站房保护地线可靠连接。

⑥信号线为屏蔽电缆线，屏蔽层应有良好绝缘，不可与机架、柜体发生摩擦、打火，屏蔽层两端及中间均需做接地连接，见图 5-7。

图 5-7　信号线接地示意图

5.4　排污口标志牌的规范化设置

5.4.1　标志牌设置的基本要求

排污单位应在排污口及监测点位设置标志牌，标志牌分为提示性标志牌和警告性标志牌两种。提示性标志牌用于向人们提供某种环境信息，警告性标志牌用于提醒人们注意污染物排放可能会造成危害。

一般性污染物排放口及监测点位应设置提示性标志牌。排放剧毒、致癌物及对人体有严重危害物质的排放口及监测点位应设置警告性标志牌，警告标志图案应设置于警告性标志牌的下方。

标志牌应设置在距污染物排放口及监测点位较近且醒目处，并能长久保留。

排污单位可根据监测点位情况，设置立式或平面固定式标志牌。

5.4.2　标志牌技术规格

5.4.2.1　环保图形标志

（1）环保图形标志必须符合《环境保护图形标志——排放口（源）》

（GB 15562.1—1995）

（2）图形颜色及装置颜色

①提示标志：底和立柱为绿色，图案、边框、支架和文字为白色；

②警告标志：底和立柱为黄色，图案、边框、支架和文字为黑色。

（3）辅助标志内容

①排放口标志名称；

②单位名称；

③排放口编号；

④污染物种类；

⑤××生态环境局监制；

⑥排放口经纬度坐标、排放去向、执行的污染物排放标准、标志牌设置依据的技术标准等。

（4）辅助标志字型为黑体字

（5）标志牌尺寸

①平面固定式标志牌外形尺寸：提示性标志牌为 480 mm×300 mm；警告性标志牌边长为 420 mm。

②立式固定式标志牌外形尺寸：提示性标志牌为 420 mm×420 mm；警告性标志牌边长为 560 mm；高度为标志牌最上端距地面 2 m。

5.4.2.2 其他要求

（1）标志牌材料

①标志牌采用 1.5～2 mm 冷轧钢板；

②立柱采用 38×4 无缝钢管；

③表面采用搪瓷或者反光贴膜。

（2）标志牌的表面处理

①搪瓷处理或贴膜处理；

②标志牌的端面及立柱要经过防腐处理。

（3）标志牌的外观质量要求

①标志牌、立柱无明显变形；

②标志牌表面无气泡，膜或搪瓷无脱落；

③图案清晰，色泽一致，不得有明显缺损；

④标志牌的表面不应有开裂、脱落及其他破损。

5.5　排污口规范化的日常管理与档案记录

排污单位应将排污口规范化建设纳入企业生产运行的管理体系中，制定相应的管理办法和规章制度，选派专职人员对排污口及监测点位进行日常管理和维护，并保存相关管理记录。

排污单位应建立排污口及监测点位档案。档案内容除包括排污口及监测点位的位置、编号、污染物种类、排放去向、排放规律、执行的排放标准等基本信息外，还应包括相关日常管理的记录，如标志牌的内容是否清晰完整，监测平台、各类梯架、监测孔、自动监测设施等是否能够正常使用，废水排放口是否损坏，排气筒有无漏风、破损现象等方面的检查记录，以及相应的维护、维修记录。

排污口及监测点位一经确认，排污单位不得随意变动。监测点位位置、排污口排放的污染物发生变化的，或排污口须拆除、增加、调整、改造或更新的，应按相关要求及时向生态环境主管部门报备，并及时设立新的标志牌或更换标志牌相应内容。

第 6 章　废水手工监测技术要点

　　废水手工监测是一项全面性、系统性的工作。为了规范手工监测活动的开展，我国发布了一系列监测技术规范和方法标准。总体来说，废水手工监测要按照相关的技术规范和方法标准开展。为了便于理解和应用，本章立足现有的技术规范和标准，结合日常工作经验，分别从流量监测、现场手工监测和实验室分析三个方面归纳总结了常见的方法和操作要求，以及方法使用过程中的重点注意事项。对于一些虽然适用，但不够便捷，目前实际应用很少的方法，本书中未进行列举，若排污单位根据实际情况确实需要采用这类方法，应严格按照方法的适用条件和要求开展相关监测活动。

　　《陆上石油天然气开采工业指南》所涉及的废水监测指标有流量、pH、悬浮物、化学需氧量、五日生化需氧量、氨氮、总氮、总磷、石油类、总有机碳、阴离子表面活性剂、挥发酚、硫化物、总汞、烷基汞、总铅、总镉、总镍、总砷、总铬、六价铬 21 项指标。另外，本章还介绍了特征污染物石油烃（C_6—C_9）和石油烃（C_{10}—C_{40}）的监测技术要点。

6.1　流量

　　流量是排污单位排污总量核算的重要指标，在废水排放监测和管理中有着重要的地位。流量测量最初始于水文水利领域对天然河流、人工运河、引水渠道等的流量监测。对于工业废水的流量监测，目前常用的方法有自动测量和手工测量两种方式。

6.1.1　自动测量

自动测量是采用污水流量计进行测量，通常包括明渠流量计和管道流量计。通过污水流量计来测量渠道内和管道内废水（或污水）的体积流量。

（1）明渠流量计

利用明渠流量计进行自动测量时，采用超声波液位计和巴歇尔量水槽（以下简称巴氏槽）配合使用进行流量测定，并根据不同尺寸巴氏槽的经验公式计算出流量。需要注意的事项如下：

①巴氏槽安装前，应测算废水排放量并充分考虑污水处理设施的远期扩容，确保巴氏槽能满足最大流量下的测量。巴氏槽的材质要根据污水性质考虑防腐蚀。

②巴氏槽应安装于顺直平坦的渠道段，该段渠道长度不小于槽宽的 10 倍，下游渠道应无阻塞、不壅水，确保巴氏槽的水流处于自由出流状态。渠道应保持清洁，底部无障碍物，水槽应保持牢固可靠、不受损坏，凡有漏水部位应及时修补，每年应校验 1 次液位计的精度和水头零点。详细的安装和维护要求见《城市排水流量堰槽测量标准　巴歇尔量水槽》（CJ/T 3008.3—1993）。

③与巴氏槽配合使用的超声波液位计应注意日常维护，确保稳定运行，出现故障应及时更换。

（2）管道流量计

利用管道流量计测量时，可选择电磁流量计或超声流量计，宜优先选择电磁流量计。需要注意的事项如下：

①电磁流量计的选型应充分考虑测量精度、污水性质、流量范围、排水规律等。流量计的口径通常与管道相同，也可以根据设计流量、流速范围来选择流量计和配套管道，管道中的流速一般以 2～4 m/s 为宜。

②电磁流量计选型时，应充分考虑废水的电导率、最大流量、常用流量、最

小流量、工艺管径、管内温度、压力，以及是否有负压存在等信息。

③电磁流量计一定要安装在管路的最低点或者管路的垂直段且务必保证管内满流，若安装在垂直管线，要求水流自下而上，尽量不要自上而下，否则容易出现非满流，导致读数波动变化较大。流量计前后应避免有阀门、弯头、三通等结构存在，以防产生涡流或气泡，影响测流。

④电磁流量计应避免安装在温度变化很大或受到设备高温辐射的场所，若必须安装时，须有隔热、通风措施；电磁流量计最好安装在室内，若必须安装于室外，应避免雨水淋浇、积水受淹及太阳暴晒，须有防潮和防晒措施；避免安装在含有腐蚀性气体的环境中，必须安装时，须有通风措施；为了安装、维护、保养方便，在电磁流量计周围需有充裕的空间；避免有磁场及强振动源，如管道振动大，在电磁流量计两边应有固定管道的支座。

⑤应对电磁流量计进行周期性检查，定期扫除尘垢确保无沾污，检查接线是否良好。

6.1.2　手工测量

手工测量方法是相对于自动测量方法而言的，这种方法操作复杂、准确度较低，仅建议在不满足自动测量条件或自动测量设施损坏时使用，不建议用作长期自行监测手段。常用的流量测量方法有明渠流速仪、便携式超声波管道测流仪和容积法。

（1）明渠流速仪

明渠流速仪适用于明渠排水流量的测量，它是通过流速仪测量过水断面不同位置的流速，计算平均流速，再乘以断面面积即得测量时刻的瞬时流量，见图 6-1。

采用这种方法测量流量时，排污截面底部需硬质平滑，截面形状为规则的几何形，排污口处有不小于 3 m 的平直过流水段，且水位高度不小于 0.1 m。在明渠流量计自动测量断电或损坏时，可用此方法临时测量排水流量。

便携式超声波流速仪

便携式旋桨流速仪

便携式旋杯流速仪

图 6-1　明渠流速仪

（2）便携式超声波管道测流仪

便携式超声波管道测流仪的使用条件与电磁式自动测流仪一致，适用于顺直管道的满流测量，见图 6-2。测量时，沿着管道的流向，将两个传感器分别贴合于管道，错开一定距离，通过两个传感器的时差测量流速，再乘以管道截面积，最终得出流量。测量的管壁应为能传导超声波的密实介质，如铸铁、碳钢、不锈钢、玻璃钢、PVC 等。测点应避开弯头、阀门等，确保流态稳定，无气泡和涡流。测点应避开大功率变频器和强磁场设备，以免产生干扰。在电磁流量计断电或损坏时，可用此方法临时测量排水流量。

图 6-2　便携式超声波管道测流仪

（3）容积法

容积法是将废水纳入已知容量的容器中，测定其充满容器所需要的时间，从而计算水量的方法。该方法简单易行，适用于计量污水量较小的连续或间歇排放的污水。用此方法测量流量时，溢流口与受纳水体应有适当的落差或能用导水管形成落差。

用手工测量时，一般遵循以下原则：

①如果排放污水的"流量-时间"排放曲线波动较小，即用瞬时流量代表平均流量所引起的误差小于 10%，则在某一时段内的任意时间测得的瞬时流量乘以该时间即该时段的流量。

②如果排放污水的"流量-时间"排放曲线虽有明显波动，但其波动有固定的规律，可以用该时段中几个等时间间隔的瞬时流量来计算出平均流量，然后再乘以时间得到流量。

③如果排放污水的"流量-时间"排放曲线既有明显波动又无规律可循，则必须连续测定流量，流量对时间的积分即总量。

6.2　现场采样

采样前要根据采样任务确定监测点位，各监测点位的监测指标，各监测指标需要使用的采样容器、采样要求和保存运输要求等。

6.2.1　采样点位

《陆上石油天然气开采工业指南》对每个监测点位的监测指标进行了明确规定，对属于第一类污染物的总汞、总镉、总铬、总砷、总铅、总镍、烷基汞、六价铬的采样点位一律设在车间或生产设施废水排放口。对于 pH、化学需氧量、氨氮、总氮、悬浮物、五日生化需氧量、石油类、总有机碳、硫化物、总磷、挥发酚、阴离子表面活性剂等监测指标，则在相应的废水总排放口、生活污水排放口和雨水排放口进行采样。

排污单位设置内部监测点位时，根据实际情况在便于采样的地方进行布点采样。

排污单位需要考核污水处理设施处理效率时，采样点位的布设要求如下：

（1）对整体污水处理设施效率监测时，在各种进入污水处理设施污水的入口和污水设施的总排放口设置采样点。

（2）对各污水处理单元效率监测时，在各种进入处理设施单元污水的入口和设施单元的排放口设置采样点。

6.2.2　采样方法

废水的监测项目根据行业类型有不同的要求，排污单位根据本行业自行监测技术指南要求设置。采集样品时应设在废水混合均匀处，避免引入其他干扰。

在分时间单元采集样品时，测定化学需氧量、pH、悬浮物、五日生化需氧量、石油类、硫化物等指标的样品不能混合，只能单独采样。

根据监测项目选择不同的采样器，主要包括不锈钢采水器、有机玻璃水质采样器、油类采样器及用采样容器直接采样。有需求和条件的排污单位可配备水质自动采样装置进行时间比例采样和流量比例采样。当污水排放量较稳定时，可采用时间比例采样，否则必须采用流量比例采样。所用自动采样器必须符合生态环境部颁布的污水采样器技术要求。不同的采样器见图 6-3。

不锈钢采水器　　　　　　　　　　有机玻璃水质采样器

油类采样器　　　　　　　　　　水质自动采样装置

图 6-3　不同的采样器

样品采集时应针对具体的监测项目注意以下事项：

（1）采样前要认真检查采样器具等，避免采样前造成容器污染。

（2）采样时应去除表面的杂物、垃圾等漂浮物，不可搅动水底的沉积物。

（3）确保采样准时，点位准确，操作安全。

（4）采样结束前，应核对采样计划、记录与水样，如有错误或遗漏，应立即补采或重采。

（5）如采样现场水体很不均匀，无法采到有代表性的样品，则应详细记录不均匀的情况和实际采样情况，供使用该数据者参考。

（6）测定石油类的水样，应使用油类采样器在水面至 300 mm 采集柱状水样。

（7）测定五日生化需氧量时，水样必须注满容器，上部不留空间并有水封口。

（8）用采样容器和样品容器采样时，必须用水样冲洗 2～3 次后再进行采样，采油类的容器不能冲洗。

（9）用于测定悬浮物、五日生化需氧量、石油类的水样，必须单独定容采样，并全部用于测定。

（10）石油类采样时，采样前先破坏可能存在的油膜，用直立式采水器把玻璃材质容器安装在采水器的支架中，将其放到 300 mm 深度，边采水边向上提升，在达到水面时剩余适当空间。

（11）采样时应认真填写"污水采样记录表"，表中应包括以下内容：企业名称、行业名称、监测项目、样品编号、采样时间、采样口、采样口位置、样品类别、样品表观、采样口流量、采样人姓名及其他有关事项。具体格式可由各排污单位制定，见表 6-1。

表 6-1　污水采样记录表

企业名称	行业名称	监测项目	样品编号	采样时间	采样口	采样口位置（车间或总排口）	样品类别	样品表观	采样口流量/（m³/s）	采样人

（12）对于 pH 和流量需现场监测的项目，应进行现场监测。

6.2.3　采样容器

当前市面上常见的采样容器按材质主要分为硬质玻璃瓶和聚乙烯瓶，在表 6-2 中分别用 G、P 表示，硬质玻璃瓶有透明和棕色两种。硬质玻璃瓶适用于化学需氧量、总有机碳、氨氮、总氮、总磷、硫化物、石油类、硫化物等监测项目的样品采集。采集硫化物时，应用棕色玻璃瓶，以降低光敏作用。采集五日生化需氧量时应用专门的溶氧瓶采集。聚乙烯瓶则适用于总铜、总锌、总镍、总镉等金属元素的样品采集。氨氮、总磷、总氮、总镍、总镉等项目两种材质的瓶子均可使用。关于采样容器选择分析方法中已有要求的按照分析方法来处理，没有明确要求的可按表 6-2 执行。

表 6-2　样品保存和容器洗涤

项目	采样容器	保存方法及保存剂用量	保存期	最少采样量/mL	容器洗涤
色度*	G 或 P		12 h	250	Ⅰ
pH*	G 或 P		12 h	250	Ⅰ
悬浮物**	G 或 P	1～5℃冷藏，避光	14 d	500	Ⅰ
化学需氧量	G	加入 H_2SO_4，pH≤2	2 d	500	Ⅰ
	P	−20℃冷冻	30 d	100	
五日生化需氧量**	溶解氧瓶	1～5℃冷藏，避光	12 h	250	Ⅰ
	P	−20℃冷冻	30 d	1 000	
总有机碳	G	H_2SO_4，pH≤2	7 d	250	Ⅰ
总磷	G 或 P	HCl、H_2SO_4，pH≤2	24 h	250	Ⅳ
氨氮	G 或 P	H_2SO_4，pH≤2	24 h	250	Ⅰ
总氮	G 或 P	H_2SO_4，pH≤2	7 d	250	Ⅰ
硫化物	G 或 P	1 L 水样加 NaOH 至 pH 为 9，加入 5%抗坏血酸 5 mL，饱和 EDTA 3 mL，滴加饱和 $Zn(AC)_2$ 至胶体产生，常温避光	24 h	250	Ⅰ

项目	采样容器	保存方法及保存剂用量	保存期	最少采样量/mL	容器洗涤
总氰化物	G 或 P	NaOH，pH≥9	12 h	250	I
六价铬	G 或 P	NaOH，pH=8～9	14 d	250	III
总镍	G 或 P	HNO₃，1 L 水样中加浓 HNO₃ 10 mL	14 d	250	III
总铜	P	HNO₃，1 L 水样中加浓 HNO₃ 10 mL	14 d	250	III
总锌	P	HNO₃，1 L 水样中加浓 HNO₃ 10 mL	14 d	250	III
总砷	G 或 P	HNO₃，1 L 水样中加浓 HNO₃ 10 mL，DDTC 法，HCl 2 mL	14 d	250	I
总镉	G 或 P	HNO₃，1 L 水样中加浓 HNO₃ 10 mL	14 d	250	III
总汞	G 或 P	HCl，1%，如水样为中性，1 L 水样中加浓 HCl 10 mL	14 d	250	III
总铅	G 或 P	HNO₃，1%，如水样为中性，1 L 水样中加浓 HNO₃ 10 mL	14 d	250	III
动植物油	G	加入 HCl 至 pH≤2	7 d	250	II
挥发酚**	G 或 P	用 H₃PO₄ 调至 pH 为 2，用 0.01～0.02 g 抗坏血酸除去余氯	24 h	1 000	I
石油烃（C₆—C₉）	棕色 G	采样前加入 0.3 g 抗坏血酸，采样时使水样溢流，再加入数滴 H₃PO₄ 溶液（1+9），pH≤2，4℃ 避光，冷藏	3 d	40	I
石油烃（C₁₀—C₄₀）	棕色 G	HCl 溶液（1+1），pH≤2，4℃ 避光，冷藏	14 d	1 000	I

注：①*表示应尽量现场测定，**表示低温（0～4℃）避光保存。

②G 为硬质玻璃瓶，P 为聚乙烯瓶。

③I、II、III、IV表示四种洗涤方法，分别为

I：洗涤剂洗一次，自来水洗三次，蒸馏水洗一次；

II：洗涤剂洗一次，自来水洗二次，1+3 HNO₃ 荡洗一次，自来水洗三次，蒸馏水洗一次；

III：洗涤剂洗一次，自来水洗二次，1+3 HNO₃ 荡洗一次，自来水洗三次，蒸馏水洗一次；

IV：铬酸洗液洗一次，自来水洗三次，蒸馏水洗一次。

在采样之前，采样容器应经过相应的清洗和处理，采样之后要对其进行适当的封存。排污单位可根据监测项目自行选择采样容器并按照合适的方法进行清洗和处理。常用的采样容器见图 6-4。

图 6-4　采样容器（透明硬质玻璃瓶、棕色硬质玻璃瓶和聚乙烯瓶）

采样容器选择时一般遵守以下原则：

（1）最大限度防止容器及瓶塞对样品的污染。由于一般的玻璃瓶在贮存水样时可溶出钠、钙、镁、硅、硼等元素，在测定这些项目时应避免使用玻璃容器，以防止新的污染。一些有色瓶塞也会含有大量的重金属，因此采集金属项目时最好选用聚乙烯瓶。

（2）容器壁应易于清洗和处理，以减少如重金属对容器的表面污染。

（3）容器或容器塞的化学和生物性质应该是惰性的，以防止容器与样品组分发生反应。

（4）防止容器吸收或吸附待测组分，引起待测组分浓度的变化。微量金属易受这些因素的影响。

（5）选用深色玻璃能降低光敏作用。

采样容器准备时，应遵循以下原则：

（1）所有的采样容器准备都应确保不发生正负干扰。

（2）尽可能使用专用容器。如不能使用专用容器，最好准备一套容器进行特定污染物的测定，以减少交叉污染。同时应注意防止曾经用于采集高浓度分析物的容器因洗涤不彻底污染随后采集的低浓度污染物的样品。

（3）对于新容器，一般应先用洗涤剂清洗，再用纯水彻底清洗。但是，用于清洁的清洁剂和溶剂可能引起干扰，所用的洗涤剂类型和选用的容器材质要根据待测组分来确定。如测总磷的容器不能使用含磷洗涤剂；测重金属的玻璃容器及聚乙烯容器通常用盐酸或硝酸（c=1 mol/L）洗净并浸泡 1～2 天后用蒸馏水或去离子水冲洗。

采样容器清洗时，应注意以下几点：

（1）用清洁剂清洗塑料或玻璃容器：用水和清洗剂的混合稀释溶液清洗容器和容器帽；用实验室用水清洗两次；控干水并盖好容器帽。

（2）用溶剂洗涤玻璃容器：用水和清洗剂的混合稀释溶液清洗容器和容器帽；用自来水彻底清洗；用实验室用水清洗两次；用丙酮清洗并干燥；用与分析方法匹配的溶剂清洗并立即盖好容器帽。

（3）用酸洗玻璃或塑料容器：用自来水和清洗剂的混合稀释溶液清洗容器和容器帽；用自来水彻底清洗；用 10%硝酸溶液清洗；控干后，注满 10%硝酸溶液；密封贮存至少 24 小时；用实验室用水清洗，并立即盖好容器帽。

6.2.4　样品保存与运输

6.2.4.1　样品保存

水样采集后应尽快送到实验室进行分析，样品如果长时间放置，易受生物、化学、物理等因素影响，某些组分的浓度可能会发生变化。一般可通过冷藏、冷冻、添加保存剂等方式对样品进行保存。

（1）样品的冷藏、冷冻

在大多数情况下，从采集样品到运输最后到实验室期间，样品在 1～5℃冷藏并暗处保存就足够了，−20℃的冷冻温度一般能延长贮存期，但冷冻需要掌握冷冻和融化技术，以使样品在融化时能迅速地、均匀地恢复其原始状态，用干冰快速冷冻效果较好。一般选用聚氯乙烯或聚乙烯等塑料容器。

（2）添加保存剂

添加的保存剂一般包括酸、碱、抑制剂、氧化剂和还原剂，样品保存剂如酸、碱或其他试剂在采样前应进行空白试验，其纯度和等级必须达到分析的要求。

①加入酸和碱：控制溶液 pH，测定金属离子的水样常用硝酸酸化至 pH 为 1～2，这样既可以防止重金属的水解沉淀，又可以防止金属在器壁表面上吸附，同时在 pH 为 1～2 的酸性介质中还能抑制生物的活动。用此法保存，大多数金属可稳定数周或数月。测定氰化物的水样须加氢氧化钠调至 pH 为 12。测定六价铬的水样应加氢氧化钠调至 pH 为 8，因在酸性介质中，六价铬的氧化电位高，易被还原。

②加入氧化剂：水样中痕量汞易被还原，引起汞的挥发性损失，加入硝酸-重铬酸钾溶液可使汞维持在高氧化态，从而改善汞的稳定性。

③加入还原剂：测定硫化物的水样，加入抗坏血酸对保存有利。含余氯水样能氧化氢离子，可使酚类等物质氯化生成相应的衍生物，在采样时加入适当的硫代硫酸钠予以还原，可除去余氯干扰。

加入一些化学试剂可固定水样中的某些待测组分，保存剂可事先加入空瓶中，也可在采样后立即加入水样中。所加入的保存剂不能干扰待测成分的测定，如有疑义应先做必要的试验。

当加入保存剂的样品经过稀释后，在分析计算结果时要充分考虑。但如果加入足够浓的保存剂，若加入体积很小，可以忽略其稀释影响。固体保存剂由于会引起局部过热，反而影响样品的测定，所以应该避免使用。

所加入的保存剂可能改变水中组分的化学或物理性质，因此选用保存剂时一定要考虑对测定项目的影响。如待测项目是溶解态物质，酸化会引起胶体组分和固体的溶解，则必须在过滤后酸化保存。

必须做保存剂空白试验，特别是对微量元素的检测，要充分考虑加入保存剂引起待测元素数量的变化。例如，酸类物质会增加砷、铅、汞的含量。因此，样品中加入保存剂后，应保留做空白试验。

针对技术指南中涉及的不同的监测项目应选用的容器材质、保存剂及其加入量、保存期、采样体积和容器洗涤的方法见表 6-2。

6.2.4.2 样品运输

水样采集后必须立即送回实验室。应根据采样点的地理位置和每个项目分析前最长可保存时间，选择适当的运输方式，在现场工作开始之前，就要安排好水样的运输工作，以防延误。

水样运输前应将容器的外（内）盖盖紧。装箱时应使用泡沫塑料等分隔，以防破损。同一采样点的样品应装在同一包装箱内，如需分装在两个或几个箱中，应在每个箱内放入相同的现场采样记录表。运输前应检查现场记录上的所有水样是否全部装箱。要用醒目的色彩在包装箱顶部和侧面标上"切勿倒置"的标记。每个水样瓶均需贴上标签，标签内容包括采样点位编号、采样日期和时间、测定项目。

装有水样的容器必须妥善保存和密封，并装在包装箱内固定，以防在运输途中破损。除防振、避免日光照射和低温运输外，还要防止新的污染物进入容器或沾污瓶口使水样变质。

在水样运输过程中，应有押运人员，每个水样都要附有一张样品交接单。在转交水样时，转交人和接收人都必须清点和检查水样并在样品交接单上签字，注明日期和时间。样品交接单是水样在运输过程中的文件，应防止差错并妥善保管以备查。

6.2.5 留样

有污染物排放异常等特殊情况要留样分析时，应针对具体项目的分析用量同时采集留样样品，并填写留样记录表，表中应涵盖以下内容：污染源名称、监测项目、采样点位、采样时间、样品编号、污水性质、污水流量、采样人姓名、留样时间、留样人姓名、固定剂添加情况、保存时间、保存条件及其他有关事项。

6.3　监测指标测试

6.3.1　测试方法概述

陆上石油天然气开采排污单位自行监测项目包括理化指标（如 pH、悬浮物等）、有机污染综合指标（如化学需氧量、五日生化需氧量等）、金属及其化合物（如总铅、总铅、总砷、总汞、总镉）等几大类。这些监测项目所涉及的分析方法主要包括重量法、分光光度法、容量分析法、原子吸收分光光度法、电感耦合等离子体发射光谱法、电感耦合等离子体质谱法、离子色谱法、原子荧光法、气相色谱法和气相色谱-质谱法等。

（1）重量法

重量法是将被测组分从试样中分离出来，经过精确称量来确定待测组分含量的分析方法。它是分析方法中最直接的测定方法，可以直接称量得到分析结果，无须用标准试样或基准物质进行比较，具有精确度高等特点。图 6-5 为重量法所用的分析天平。

（2）分光光度法

分光光度法测定样品的基本原理是利用朗伯-比尔定律，根据不同浓度样品溶液对光信号具有不同的吸光度，对待测组分进行定量测定。分光光度法是环境监测中常用的方法，具有灵敏度高、准确度高、适用范围广、操作简便和快速及价格低廉等特点。图 6-6 为分光光度法所用的分光光度计。

图 6-5　分析天平

图 6-6　分光光度计

（3）容量分析法

容量分析法是将一种已知准确浓度的标准溶液滴加到被测物质的溶液中，直到所加的标准溶液与被测物质按化学计量定量反应为止，然后根据标准溶液的浓度和用量计算被测物质的含量。按反应的性质，容量分析法可分为酸碱滴定法、氧化还原滴定法、络合滴定法和沉淀滴定法。容量分析法具有操作简便、快速、比较准确和仪器普通易得等特点。图 6-7 为滴定时所使用的套件。

图 6-7 滴定套件

适合容量分析的化学反应应该具备的条件有以下几种：

①反应必须定量进行而且进行完全。

②反应速度要快。

③有比较简便、可靠的方法确定理论终点（或滴定终点）。

④共存物质不干扰滴定反应，采用掩蔽剂等方法能予以消除。

（4）原子吸收分光光度法

原子吸收分光光度法的测量对象是呈原子状态的金属元素和部分非金属元素，是由待测元素灯发出的特征谱线通过供试品经原子化产生的原子蒸气时，被蒸气中待测元素的基态原子所吸收，通过测定辐射光强度减弱的程度，求出供试品中待测元素的含量，并能够灵敏、可靠地测定微量或痕量元素。原子吸收分光光度法由光源、原子化器（分为火焰原子化器、石墨炉原子化器、氢化物发生原子化器及冷蒸气发生原子化器4种）、单色器、背景校正系统、自动进样系统和检测系统等组成。根据原子化器的不同，又可分为火焰原子吸收分光光度法、石墨炉原子吸收分光光度法、氢化物发生原子吸收分光光度法、冷原子吸收分光光度法。图6-8为原子吸收分光光度法所用的仪器设备。

图6-8   原子吸收分光光度法所用的火焰原子吸收光谱仪

①火焰原子吸收分光光度法是最常用的技术，非常适合含有目标分析物的液体或溶解样品，非常适用于 mg/L 级的痕量元素检测。缺点是原子化效率低，灵敏度不够高，一般不能直接分析固体样品。

②石墨炉原子吸收分光光度法能够分析小体积的液体样品，适用于实验室处理日常工作中的复杂基质，可高效去除干扰，敏感度高于火焰原子吸收分光光度法分析数个数量级，可以检测低至 μg/L 级的痕量元素。缺点是试样组成不均匀性的影响较大，共存化合物的干扰比火焰原子分光光度法大，干扰背景比较严重，一般都需要校正背景。

③冷原子吸收分光光度法由汞蒸气发生器和原子吸收池组成，专门用于汞的测定。

（5）电感耦合等离子体发射光谱法

电感耦合等离子体发射光谱法是指以电感耦合等离子体作为激发光源，根据处于激发态的待测元素原子回到基态时发射的特征谱线对待测元素进行分析的仪器。具有检出限低、准确度及精密度高、分析速度快等优点。图 6-9 为电感耦合等离子体光谱仪。

（6）电感耦合等离子体质谱法

电感耦合等离子体质谱法是以独特的接口技术将电感耦合等离子体的高温电离特性与质谱检测器的灵敏快速扫描的优点相结合而形成的一种高灵敏度的分析技术。水样经预处理后，采用电感耦合等离子体质谱进行检测，根据元素的质谱图或特征离子进行定性，内标法定量。其具有灵敏度高、速度快等优点，可在几分钟内完成几十个元素的定量测定，常用于测定地下水中微量、痕量和超痕量的金属元素，以及某些卤素元素、非金属元素。图 6-10 为电感耦合等离子体质谱仪。

图 6-9　电感耦合等离子体光谱仪　　　图 6-10　电感耦合等离子体质谱仪

（7）离子色谱法

离子色谱法是以低交换容量的离子交换树脂为固定相对离子性物质进行分离，用电导检测器连续检测流出物电导变化的一种色谱方法。其主要用于环境样品的分析，包括地表水、饮用水、雨水、生活污水和工业废水、酸沉降物和大气颗粒物等样品中的阴离子、阳离子，与微电子工业有关的水和试剂中痕量杂质的分析。图 6-11 为离子色谱仪。

（8）原子荧光法

原子荧光法根据测量待测元素的原子蒸气在一定波长的辐射能激发下发射的荧光强度进行定量分析的方法，是测定微量砷、锑、铋、汞、硒、碲、锗等元素最成功的分析方法之一。图 6-12 为原子荧光光谱仪。

图 6-11　离子色谱仪

图 6-12　原子荧光光谱仪

（9）气相色谱法

气相色谱法的原理是利用物质的沸点、极性及吸附性质的差异实现混合物的分离，然后利用检测器依次检测已分离出来的组分。其具有快速、有效、灵敏度高等优点，直接用于气相色谱分析的样品必须是气体或液体，常用的前处理方法有索氏提取法、超声提取法、振荡提取法、微波提取法等。图 6-13 为气相色谱仪。

（10）气相色谱-质谱法

气相色谱-质谱法中气相色谱对有机化合物具有有效的分离、分辨能力，而质谱是准确鉴定化合物的有效手段。由两者结合构成的色谱-质谱联用技术，是分离和检测复杂化合物最有力的工具，可实现复杂体系中有机物的定性及定量测定。气相色谱-质谱法分析虽然结果准确、可靠，但相对于光谱分析等方法其预处理、分析步骤较为复杂。图 6-14 为气相色谱-质谱联用仪。

图 6-13　气相色谱仪

图 6-14　气相色谱-质谱联用仪

6.3.2　指标测定

通过对陆上石油天然气开采排污单位废水监测项目的梳理，除现场测量的流量在前面已有介绍外，本节将对其余的 22 项监测指标的常用监测分析方法和注意事项分别进行介绍，排污单位根据行业排放污染物的特征及单位实验室实际情况选择适合的监测方法开展自行监测。实验室常见分析方法、所需设备见表 6-3。企业开展自行监测时，所采用的方法和使用的设备不限于表 6-3 中所列内容，若有其他适用的方法，也可以使用，但应按照《总则》及相关要求开展方法的验证。所选用分析方法的测定下限应低于排污单位的污染物排放限值。

6.3.2.1　pH

（1）常用方法

pH 是水中氢离子活度的负对数，$pH = -\lg a_{H^+}$。pH 是环境监测中比较常用且十分重要的检验项目之一，可间接表示水的酸碱程度，测量常用的分析方法有《水质　pH 的测定　电极法》（HJ 1147—2020）和便携式 pH 计法［《水和废水监测分析方法》（第四版）］。

（2）注意事项

①pH 最好能够现场测定，否则样品采集后，应保持在 0～4℃，并在 6 小时内进行测定。当 pH 大于 12 或小于 2 时，不宜使用便携式 pH 计法，以免损伤电极。

②便携式 pH 计由不同的复合电极构成，其浸泡方式会有所不同，有些电极要用蒸馏水浸泡，有些则严禁用蒸馏水浸泡，应当严格遵守操作手册，以免损伤电极。

③玻璃电极在使用前先放入蒸馏水中浸泡 24 小时以上。使用后要冲洗干净，浸泡在纯水中。

表 6-3 废水中监测指标、标准方法及所需设备

监测项目	标准方法	所需设备
pH	《水质 pH 的测定 电极法》（HJ 1147—2020）（第四版）国家环保总局《水和废水监测分析方法》（2002）3.1.6.2]	酸度计或离子浓度计；玻璃电极与甘汞电极 便携式 pH 计法，50 mL 烧杯
悬浮物	《水质 悬浮物的测定 重量法》（GB/T 11901—89）	常用实验室仪器、称量瓶、烘箱、干燥器、天平（精度为 0.000 1 g）；全玻璃微孔滤膜过滤器；CN-CA 滤膜（孔径 0.45 μm，直径 60 mm）；吸滤瓶、真空泵；无齿扁嘴镊子
化学需氧量	《水质 化学需氧量的测定 重铬酸盐法》（HJ 828—2017）	回流装置（磨口 250 mL 锥形瓶的全玻璃回流装置）；加热装置；分析天平（感量为 0.000 1 g）；酸式滴定管（25 mL 或 50 mL）；一般实验室常用仪器和设备
	《水质 化学需氧量的测定 快速消解分光光度法》（HJ/T 399—2007）	消解管、加热器、光度计、消解管支架、离心机、手动移液器（枪）（最小分度体积不大于 0.01 mL）；A 级吸量管、容量瓶、量筒、搅拌器
	《高氯废水 化学需氧量的测定 氯气校正法》（HJ/T 70—2001）	常用实验室仪器；回流吸收装置；加热装置；氮气流量计；25 mL 或 50 mL 酸式滴定管
	《高氯废水 化学需氧量的测定 碘化钾碱性高锰酸钾法》（HJ/T 132—2003）	沸水浴装置；250 mL 碘量瓶；25 mL 棕色酸式滴定管；定时钟；G-3 玻璃砂芯漏斗
五日生化需氧量（BOD₅）	《水质 五日生化需氧量（BOD₅）的测定 稀释与接种法》（HJ 505—2009）	符合国家 A 级标准的玻璃量器；滤膜（孔径为 1.6 μm）；溶解氧瓶（带水封装置，容积为 250～300 mL）；稀释容器（1 000～2 000 mL 的量筒或容量瓶）；虹吸管；溶解氧测定仪；冷藏箱（有冷冻和冷藏功能）；带风扇的恒温培养箱；曝气装置
氨氮	《水质 氨氮的测定 气相分子吸收光谱法》（HJ/T 195—2005）	气相分子吸收光谱仪；空心阴极灯；一般实验室常用仪器
	《水质 氨氮的测定 纳氏试剂分光光度法》（HJ 535—2009）	可见分子分光光度计（具 20 mm 比色皿）；氨氮蒸馏装置（500 mL 凯式式烧瓶、氮球、直形冷凝管和导管，亦可使用 500 mL 蒸馏烧瓶

监测项目	标准方法	所需设备
氨氮	《水质　氨氮的测定　水杨酸分光光度法》（HJ 536—2009）	可见分光光度计；10～30 mm 比色皿；滴瓶；氨氮蒸馏装置（500 mL 凯式烧瓶、氨球、直形冷凝管和导管），亦可使用蒸馏烧瓶；实验室常用玻璃器皿
	《水质　氨氮的测定　蒸馏-中和滴定法》（HJ 537—2009）	氨氮蒸馏装置（500 mL 凯式烧瓶、氨球、直形冷凝管和导管；50 mL 酸式滴定管
	《水质　氨氮的测定　连续流动-水杨酸分光光度法》（HJ 665—2013）	连续流动分析仪：带流量计的蒸馏装置（选配）；天平（精度为0.000 1 g）；pH 计（精度为±0.02）；离心机（最大转速 4 000 r/min）；一般实验室常用仪器和设备
	《水质　氨氮的测定　流动注射-水杨酸分光光度法》（HJ 666—2013）	流动注射分析仪；天平（精度为 0.000 1 g）；离心机（最大转速4 000 r/min）；预蒸馏装置；超声波机；一般实验室常用仪器和设备
总氮	《水质　总氮的测定　碱性过硫酸钾消解紫外分光光度法》（HJ 636—2012）	紫外分光光度计（具 10 mm 石英比色皿）；高压蒸汽灭菌锅；25 mL 具塞磨口玻璃比色管；一般实验室常用仪器和设备
	《水质　总氮的测定　连续流动-盐酸萘乙二胺分光光度法》（HJ 667—2013）	连续流动分析仪；天平（精度为 0.000 1 g）；pH 计；一般实验室常用仪器和设备
	《水质　总氮的测定　流动注射-盐酸萘乙二胺分光光度法》（HJ 668—2013）	流动注射分析仪；天平（精度为 0.000 1 g）；pH 计；超声波机；一般实验室常用仪器和设备
总磷	《水质　总氮的测定　气相分子吸收光谱法》（HJ/T 199—2005）	气相分子吸收光谱仪；高压蒸汽消毒器；镉管空心阴极灯；恒温不锈钢加热锅；可调节定量加液器；50 mL 比色管；气液分离装置
	《水质　总磷的测定　钼酸铵分光光度法》（GB/T 11893—89）	医用手提式蒸气消毒器或一般压力锅；50 mL 具塞磨口刻度管；分光光度计
	《水质　磷酸盐和总磷的测定　连续流动-钼酸铵分光光度法》（HJ 670—2013）	连续流动分析仪；天平（精度为 0.000 1 g）；一般实验室常用仪器和设备
	《水质　总磷的测定　流动注射-钼酸铵分光光度法》（HJ 671—2013）	流动注射分析仪；天平（精度为 0.000 1 g）；超声波机；一般实验室常用仪器和设备

监测项目	标准方法	所需设备
总有机碳	《水质 总有机碳的测定 燃烧氧化-非分散红外吸收法》（HJ 501—2009）	非分散红外吸收分 TOC 析仪；一般实验室常用仪器和设备
石油类	《水质 石油类和动植物油类的测定 红外分光光度法》（HJ 637—2018）	红外测油仪或红外分光光度计，能在 2 930 cm^{-1}、2 960 cm^{-1}、3 030 cm^{-1} 处测量吸光度；4 cm 带盖石英比色皿；水平振荡器；玻璃漏斗；1 000 mL 分液漏斗；一般实验室常用仪器和设备
	《水质 石油类的测定 紫外分光光度法（试行）》（HJ 970—2018）	紫外分光光度计；离心机；500 mL 采样器；1 000 mL 振荡器；一般实验室常用器皿和设备斗；50 mL 锥形瓶；一般实验室常用器皿和设备
硫化物	《水质 硫化物的测定 亚甲基蓝分光光度法》（HJ 1226—2021）	酸化-吹气-吸收装置；酸化-蒸馏-吸收装置；分光光度计；200 mL 样品瓶；100 mL 具塞比色管；一般实验室常用仪器和设备
	《水质 硫化物的测定 碘量法》（HJ/T 60—2000）	酸化-吹气-吸收装置；150 mL 或 250 mL 碘量瓶；25 mL 或 50 mL 棕色滴定管；恒温水浴；一般实验室常用仪器和设备
	《水质 硫化物的测定 气相分子吸收光谱法》（HJ/T 200—2005）	气相分子吸收光谱仪；空心阴极灯；一般实验室常用仪器和设备
挥发酚	《水质 挥发酚的测定 流动注射-4-氨基安替比林分光光度法》（HJ 824—2017）	流动注射仪；分析天平；超声波清洗器；一般实验室常用仪器
	《水质 挥发酚的测定 溴化容量法》（HJ 502—2009）	A 级标准的玻璃量器；天平（精度为 0.000 1 g）；一般实验室常用仪器
	《水质 挥发酚的测定 流动注射-4-氨基安替比林分光光度法》（HJ 825—2017）	流动注射仪；分析天平；超声波清洗器；一般实验室常用仪器
	《水质 挥发酚的测定 4-氨基安替比林分光光度法》（HJ 503—2009）	分光光度计（配光程为 20 mm 比色皿）；一般实验室常用仪器
阴离子表面活性剂	《水质 阴离子表面活性剂的测定 流动注射-亚甲基蓝分光光度法》（HJ 826—2017）	流动注射仪；分析天平；超声波仪；一般实验室常用仪器
	《水质 阴离子表面活性剂的测定 亚甲基蓝分光光度法》（GB 7494—87）	分光光度计；分液漏斗；索氏提取器；一般实验室常用仪器

监测项目	标准方法	所需设备
总铅	《水质 铅的测定 双硫腙分光光度法》（GB/T 7470—87）	分光光度计；pH 计；分液漏斗；一般实验室常用仪器
	《水质 铜、锌、铅、镉的测定 原子吸收分光光度法》（GB/T 7475—87）	原子吸收分光光度计；空心阴极灯；一般实验室常用仪器
	《水质 65 种元素的测定 电感耦合等离子体质谱法》（HJ 700—2014）	电感耦合等离子体质谱仪；微波消解仪；一般实验室常用仪器
	《水质 32 种元素的测定 电感耦合等离子体发射光谱法》（HJ 776—2015）	电感耦合等离子体发射光谱；温控电热板；微波消解仪；一般实验室常用仪器
总砷	《水质 总砷的测定 二乙基二硫代氨基甲酸银分光光度法》（GB 7485—87）	分光光度计；砷化氢发生装置；一般实验室常用仪器
	《水质 32 种元素的测定 电感耦合等离子体发射光谱法》（HJ 776—2015）	电感耦合等离子体发射光谱；温控电热板；微波消解仪；一般实验室常用仪器
	《水质 汞、砷、硒、铋和锑的测定 原子荧光法》（HJ 694—2014）	原子荧光光谱仪；元素灯；可调温电热板；恒温水浴装置；分析天平（精度为 0.000 1 g）；一般实验室常用仪器
	《水质 65 种元素的测定 电感耦合等离子体质谱法》（HJ 700—2014）	电感耦合等离子体质谱仪；微波消解仪；一般实验室常用仪器
总镍	《水质 镍的测定 丁二酮肟分光光度法》（GB/T 11910—89）	分光光度计；一般实验室常用仪器
	《水质 镍的测定 火焰原子吸收分光光度法》（GB/T 11912—89）	原子吸收分光光度计；空心阴极灯；一般实验室常用仪器
	《水质 65 种元素的测定 电感耦合等离子体质谱法》（HJ 700—2014）	电感耦合等离子体质谱仪；微波消解仪；一般实验室常用仪器
	《水质 32 种元素的测定 电感耦合等离子体发射光谱法》（HJ 776—2015）	电感耦合等离子体发射光谱；温控电热板；微波消解仪；一般实验室常用仪器

监测项目	标准方法	所需设备
总汞	《水质 总汞的测定 高锰酸钾-过硫酸钾消解法 双硫腙分光光度法》（GB/T 7469—87）	分光光度计；水浴锅；分液漏斗；一般实验室常用仪器
	《水质 总汞的测定 冷原子吸收分光光度法》（HJ 597—2011）	冷原子吸收分析仪；反应装置；微波消解仪；可调温电热板或高温电炉；恒温水浴锅；微波消解罐；一般实验室常用仪器
	《水质 汞、砷、硒、铋和锑的测定 原子荧光法》（HJ 694—2014）	原子荧光光谱仪；元素灯；可调温电热板；恒温水浴装置；分析天平（精度为 0.000 1 g）；一般实验室常用仪器
烷基汞	《水质 烷基汞的测定 气相色谱法》（GB/T 14204—93）	气相色谱仪（ECD）；疏基棉管；分液漏斗；一般实验室常用仪器
	《水质 烷基汞的测定 吹扫捕集/气相色谱-冷原子荧光光谱法》（HJ 977—2018）	吹扫捕集/气相色谱-冷原子荧光光谱；一般实验室常用仪器
总镉	《水质 镉的测定 双硫腙分光光度法》（GB/T 7471—87）	分光光度计；分液漏斗；电热板；一般实验室常用仪器
	《水质 铜、锌、铅、镉的测定 原子吸收分光光度法》（GB/T 7475—87）	分光光度计；分液漏斗；电热板；一般实验室常用仪器
	《水质 65 种元素的测定 电感耦合等离子体质谱法》（HJ 700—2014）	电感耦合等离子体质谱仪；微波消解仪；温控电热板；一般实验室常用仪器
	《水质 32 种元素的测定 电感耦合等离子体发射光谱法》（HJ 776—2015）	电感耦合等离子体发射光谱；微波消解仪；温控电热板；一般实验室常用仪器
总铬	《水质 总铬的测定》（GB/T 7466—87）	分光光度计；一般实验室常用仪器
	《水质 65 种元素的测定 电感耦合等离子体质谱法》（HJ 700—2014）	电感耦合等离子体质谱仪；微波消解仪；温控电热板；一般实验室常用仪器
	《水质 铬的测定 火焰原子吸收分光光度法》（HJ 757—2015）	原子吸收分光光度计；空心阴极灯；一般实验室常用仪器
	《水质 32 种元素的测定 电感耦合等离子体发射光谱法》（HJ 776—2015）	电感耦合等离子体发射光谱；微波消解仪；温控电热板；一般实验室常用仪器

监测项目	标准方法	所需设备
六价铬	《水质　六价铬的测定　二苯碳酰二肼分光光度法》（GB/T 7467—87）	分光光度计；一般实验室常用仪器
	《水质　六价铬的测定　流动注射-二苯碳酰二肼分光光度法》（HJ 908—2017）	流动注射仪；分析天平；超声波清洗器；微孔滤膜过滤器；一般实验室常用仪器
石油烃（C₆—C₉）	《水质　挥发性石油烃（C₆—C₉）的测定　吹扫捕集/气相色谱法》（HJ 893—2017）	气相色谱仪；吹扫捕集仪；气密性注射器；微量注射器；色谱柱；40 mL 样品瓶；一般实验室常用仪器
石油烃（C₁₀—C₄₀）	《水质　可萃取性石油烃（C₁₀—C₄₀）的测定　气相色谱法》（HJ 894—2017）	气相色谱仪；硅镁型净化柱；浓缩装置；1 L 采样瓶；一般实验室常用仪器

④测定 pH 时，玻璃电极的球泡应全部浸入溶液中，并使其稍高于甘汞电极的陶瓷芯端，以免搅拌时碰坏。

⑤必须注意玻璃电极的内电极与球泡之间、甘汞电极的内电极和陶瓷芯之间不得有气泡，以防短路。

⑥测定 pH 时，为减少空气和水样中二氧化碳的溶入或挥发，在测水样之前，不应提前打开水样瓶。

⑦玻璃电极表面受到污染时，需进行处理。如果附着无机盐结垢，可用温稀盐酸溶解；对钙、镁等难溶性结垢，可用 EDTA 二钠溶液溶解；沾有油污时，可用丙酮清洗。电极按上述方法处理后，应在蒸馏水中浸泡一昼夜再使用。注意忌用无水乙醇、脱水性洗涤剂处理电极。

6.3.2.2 悬浮物

（1）常用方法

水质中的悬浮物是指水样通过孔径为 0.45 μm 的滤膜，截留在滤膜上并以 103~105℃烘干至恒重的物质。悬浮物的测定常用方法见《水质　悬浮物的测定重量法》（GB 11901—89）。

（2）注意事项

①所用聚乙烯瓶或硬质玻璃瓶要用洗涤剂清洗，再依次用自来水和蒸馏水冲洗干净。采样前用即将采集的水样清洗 3 次。采集 500~1 000 mL 样品，盖严瓶塞。

②采样时漂浮或浸没的不均匀固体物质不属于悬浮物，应从水样中除去。

③样品应尽快分析，如需放置，应贮存在 4℃冷藏箱中，但最长不得超过 7 天。采样时不能加任何保存剂，以防破坏物质在固液间的分配平衡。

④滤膜上截留过多的悬浮物可能夹带过多的水分，除延长干燥时间外，还可能造成过滤困难，遇此情况，可酌情少取试样。

⑤滤膜上的悬浮物过少，则会增大称量误差，影响测定精度，必要时可增大

试样体积，一般以 5～100 mg 悬浮物量作为量取试样体积的使用范围。

6.3.2.3　化学需氧量

（1）常用方法

化学需氧量（COD_Cr）是指在强酸并加热条件下，用重铬酸钾作为氧化剂处理水样时所消耗氧化剂的量。化学需氧量常用的测定方法见《水质　化学需氧量的测定　重铬酸盐法》（HJ 828—2017）、《水质　化学需氧量的测定　快速消解分光光度法》（HJ/T 399—2007）、《高氯废水　化学需氧量的测定　氯气校正法》（HJ/T 70—2001）和《高氯废水　化学需氧量的测定　碘化钾碱性高锰酸钾法》（HJ/T 132—2003）。

（2）注意事项

①实验试剂硫酸汞剧毒，实验人员应避免与其直接接触。样品前处理过程应在通风橱中进行。该方法的主要干扰物为氯化物，可加入硫酸汞溶液去除。经回流后，氯离子可与硫酸汞结合成可溶性的氯汞配合物。硫酸汞溶液的用量可根据水样中氯离子的含量，按质量比 $m[\text{HgSO}_4]:m[\text{Cl}^-]\geqslant20:1$ 的比例加入，最大加入量为 2 mL（按照氯离子最大允许浓度 1 000 mg/L 计）。水样中氯离子的含量可采用《水质　氯化物的测定　硝酸银滴定法》（GB 11896—89）或《水质　化学需氧量的测定　重铬酸盐法》（HJ 828—2017）附录 A 进行测定或粗略判定。

②采集水样的体积不得小于 100 mL，采集的水样应置于玻璃瓶中，并尽快分析。如不能立即分析时，应加入硫酸至 pH<2，置于 4℃以下保存，保存时间不能超过 5 天。

③对于污染严重的水样，可选取所需体积的 1/10 的水样放入硬质玻璃管，加入 1/10 的试剂，摇匀后加热沸腾数分钟，观察溶液是否变成蓝绿色。若呈蓝绿色，应再适当少取水样，直至溶液不变蓝绿色为止，从而可以确定待测水样的稀释倍数。

④消解时应使溶液缓慢沸腾，不宜暴沸。如出现暴沸，说明溶液中出现局部

过热，会导致测定结果有误。暴沸的原因可能是加热过于激烈，或是防暴沸玻璃珠的效果不好。

6.3.2.4　五日生化需氧量

（1）常用方法

水体中所含的有机物成分复杂，难以一一测定其成分。人们常常利用水中有机物在一定条件下所消耗的氧来间接表示水体中有机物的含量，生化需氧量即属于这类的重要指标之一。常用分析方法见《水质　五日生化需氧量（BOD_5）的测定　稀释与接种法》（HJ 505—2009）。

（2）注意事项

①丙烯基硫脲属于有毒化合物，操作时应按规定要求佩戴防护器具，避免接触皮肤和衣物；标准溶液的配制应在通风橱内操作；检测后的残渣废液应做妥善的安全处理。

②采集的样品应充满并密封于棕色玻璃瓶中，样品量不小于 1 000 mL，在 0～4℃的暗处运输保存，并于 24 小时内尽快分析。24 小时内不能分析，可冷冻保存（冷冻保存时避免样品瓶破裂），冷冻样品分析前须解冻、均质化和接种。

③若样品中的有机物含量较多，BOD_5 的质量浓度大于 6 mg/L，样品需适当稀释后测定。

④对不含或含微生物少的工业废水，如酸性废水、碱性废水、高温废水、冷冻保存的废水或经过氯化处理等的废水，在测定 BOD_5 时应进行接种，以引进能分解废水中有机物的微生物。

⑤当废水中存在难以被一般生活污水中的微生物以正常的速度降解的有机物或含有剧毒物质时，应将驯化后的微生物引入水样中进行接种。

⑥每一批样品做两个分析空白试样，稀释空白试样的测定结果不能超过 0.5 mg/L，非稀释接种法和稀释接种法空白试样的测定结果不能超过 1.5 mg/L，否则应检查可能的污染来源。

6.3.2.5 氨氮

（1）常用方法

氨氮（NH₃-N）以游离氮（NH₃）或铵盐（NH₄⁺）形式存在于水中。氨氮常用测定方法见《水质　氨氮的测定　气相分子吸收光谱法》（HJ/T 195—2005）、《水质　氨氮的测定　纳氏试剂分光光度法》（HJ 535—2009）、《水质　氨氮的测定　水杨酸分光光度法》（HJ 536—2009）、《水质　氨氮的测定　蒸馏-中和滴定法》（HJ 537—2009）、《水质　氨氮的测定　连续流动-水杨酸分光光度法》（HJ 665—2013）和《水质　氨氮的测定　流动注射-水杨酸分光光度法》（HJ 666—2013）。

（2）注意事项

①水样采集在聚乙烯或玻璃瓶内，要尽快分析。如需保存，应加硫酸使水样酸化至 pH<2，2～5℃下可保存 7 天。

②水样中含有悬浮物、余氯、钙/镁等金属离子、硫化物和有机物时会产生干扰，含有此类物质时要做适当处理，以消除对测定的影响。

③如果水样的颜色过深、含盐量过多，酒石酸钾盐对水样中的金属离子掩蔽能力不够，或水样中存在高浓度的钙、镁和氯化物时，需要预蒸馏。

④试剂和环境温度会影响分析结果，冰箱贮存的试剂需放置到室温后再分析，分析过程中室温波动不超过±5℃。

⑤当同批分析的样品浓度波动较大时，可在样品与样品之间插入空白当试样分析，以减小高浓度样品对低浓度样品的影响。

⑥标定盐酸标准滴定溶液时，至少平行滴定 3 次，平行滴定的最大允许偏差不大于 0.05 mL。

⑦分析过程中发现检测峰峰型异常，一般情况下平峰为超量程，双峰为基体干扰，不出峰为泵管堵塞或试剂失效。

⑧每天分析完毕后，用纯水对分析管路进行清洗，并及时将流动检测池中的滤光片取下放入干燥器中，防尘防湿。

6.3.2.6 总氮

（1）常用方法

总氮是指能测定的样品中溶解态氮及悬浮物中氮的总和，包括亚硝酸盐氮、硝酸盐氮、无机铵盐、溶解态氮及大部分有机含氮化合物中的氮。常用测定方法见《水质 总氮的测定 碱性过硫酸钾消解紫外分光光度法》（HJ 636—2012）、《水质 总氮的测定 连续流动-盐酸萘乙二胺分光光度法》（HJ 667—2013）、《水质 总氮的测定 流动注射-盐酸萘乙二胺分光光度法》（HJ 668—2013）和《水质 总氮的测定 气相分子吸收光谱法》（HJ/T 199—2005）。

（2）注意事项

①将采集好的样品贮存在聚乙烯瓶或硬质玻璃瓶中，用浓硫酸调节 pH 至 1～2，常温下可保存 7 天。贮存在聚乙烯瓶中，−20℃冷冻，可保存 30 天。

②某些含氮有机物在本标准规定的测定条件下不能完全转化为硝酸盐。

③测定应在无氨的实验室环境中进行，避免环境交叉污染对测定结果产生影响。

④实验所用的器皿和高压蒸汽灭菌器等均应无氨污染。实验中所用的玻璃器皿应用盐酸溶液或硫酸溶液浸泡，用自来水冲洗后再用无氨水冲洗数次，洗净后立即使用。高压蒸汽灭菌器应每周清洗。

⑤在碱性过硫酸钾溶液配制过程中，温度过高会导致过硫酸钾分解失效，因此要控制水浴温度在 60℃以下，而且应待氢氧化钠溶液温度冷却至室温后，再将其与过硫酸钾溶液混合、定容。

⑥使用高压蒸汽灭菌器时，应定期检定压力表，并检查橡胶密封圈密封情况，避免因漏气而减压。

⑦当同批分析的样品浓度波动较大时，可在样品与样品之间插入空白当试样分析，以减小高浓度样品对低浓度样品的影响。

6.3.2.7　总磷

（1）常用方法

总磷的常用测定方法见《水质　总磷的测定　钼酸铵分光光度法》（GB 11893—89）、《水质　磷酸盐和总磷的测定　连续流动-钼酸铵分光光度法》（HJ 670—2013）和《水质　总磷的测定　流动注射-钼酸铵分光光度法》（HJ 671—2013）。

（2）注意事项

①用硝酸-高氯酸消解需要在通风橱中进行。高氯酸和有机物的混合物经加热易发生危险，需将试样先用硝酸消解，然后加入高氯酸消解。

②在采样前，用水冲洗所有接触样品的器皿，样品采集于清洗过的聚乙烯或玻璃瓶中。用于测定磷酸盐的水样，取样后于 0～4℃暗处保存，可稳定 24 小时。用于测定总磷的水样，采集后应立即加入硫酸至 pH≤2，常温可保存 24 小时；于 −20℃冷冻，可保存 30 天。

③对于磷酸含量较少的样品（磷酸盐或总磷浓度≤0.1 mg/L），不可用聚乙烯瓶保存，冷冻保存状态除外。

④绝不可把消解的试样蒸干。

⑤如消解后有残渣时，用滤纸过滤于具塞比色管中。

⑥水样中的有机物用过硫酸钾氧化不能完全被破坏时，可用此法消解。

⑦当同批分析的样品浓度波动较大时，可在样品与样品之间插入空白当试样分析，以减小高浓度样品对低浓度样品的影响。

⑧每次分析完毕后，用纯水对分析管路进行清洗，并及时将流动检测池中的滤光片取下放入干燥器中，防尘防湿。

6.3.2.8　总有机碳

（1）常用方法

总有机碳的常用测定方法见《水质　总有机碳的测定　燃烧氧化-非分散红外

吸收法》（HJ 501—2009），该标准适用于地表水、地下水、生活污水和工业废水中总有机碳（TOC）的测定。方法的检出限为 0.1 mg/L，测定下限为 0.5 mg/L。

（2）注意事项

①TOC 的测定分为差减法和直接法。当水中苯、甲苯、环己烷和三氯甲烷等挥发性有机物含量较高时，宜用差减法测定。当水中挥发性有机物含量较少而无机碳含量相对较高时，宜用直接法测定。

②当元素碳微粒（煤烟）、碳化物、氰化物、氰酸盐和硫氰酸盐存在时，可与有机碳同时测出。

③水中含大颗粒悬浮物时，由于受自动进样器孔径的限制，测定结果不包括全部颗粒态有机碳。

6.3.2.9　硫化物

（1）常用方法

硫化物常用的测定方法见《水质　硫化物的测定　亚甲基蓝分光光度法》（HJ 1226—2021）、《水质　硫化物的测定　碘量法》（HJ/T 60—2000）、《水质　硫化物的测定　气相分子吸收光谱法》（HJ/T 200—2005）和《水质　硫化物的测定　流动注射-亚甲基蓝分光光度法》（HJ 824—2017）。

（2）注意事项

①硫离子易于氧化，采样时应防止曝气，并加入一定量的乙酸锌-乙酸钠溶液，使溶液呈碱性并生成硫化锌沉淀。水样充满瓶后立即密塞保存，在 7 天内完成分析测定。

②还原性物质、各种固体的、溶解的有机物都能与碘反应，并能阻止亚甲蓝和硫离子的显色反应；悬浮物、色度等也对硫化物的测定产生干扰。若水样中存在上述干扰物，且用碘量法或亚甲蓝法测定硫化物时，应先进行水样的预处理。

③试样制备过程中，应注意检查吹气或蒸馏装置的气密性，以防止发生漏气导致硫化氢挥发。若发生漏气，应重新取样分析。

④玻璃器皿的接口均应用磨口设计，各连接管最好采用玻璃管连接。当采用硅胶管连接时，若加标回收率明显降低，应立即更换。

6.3.2.10　石油类

（1）常用方法

水中的石油类是指在 pH≤2 的条件下，能够被四氯乙烯萃取且不被硅酸镁吸附的物质。常用的测定方法见《水质　石油类和动植物油类的测定　红外分光光度法》（HJ 637—2018）和《水质　石油类的测定　紫外分光光度法（试行）》（HJ 970—2018）。

（2）注意事项

①用采样瓶采集约 500 mL 水样后，加入盐酸溶液酸化至 pH≤2。

②如样品不能在 24 小时内测定，应在 0～4℃冷藏保存，3 天内测定。

③试验中使用的四氯乙烯须符合品质相关要求，避光保存。

④同一批样品测定所使用的四氯乙烯应来自同一瓶，如样品数量多，可将多瓶四氯乙烯混合均匀后使用。

⑤所有器皿使用完毕，应置于通风橱内，待挥发后清洗。

⑥四氯乙烯废液应集中存放于密闭容器中，并做好相应标识，委托有资质的单位处理。

6.3.2.11　挥发酚

（1）常用方法

挥发酚通常是指沸点在 230℃以下的酚类，通常属一元酚。常用的测定方法见《水质　挥发酚的测定　溴化容量法》（HJ 502—2009）、《水质　挥发酚的测定　4-氨基安替比林分光光度法》（HJ 503—2009）和《水质　挥发酚的测定　流动注射-4-氨基安替比林分光光度法》（HJ 825—2017）。

（2）注意事项

①采集后的样品应及时加磷酸酸化至 pH 约 4.0，并加适量硫酸铜，使样品中硫酸铜质量浓度约为 1 g/L，以抑制微生物对酚类的生物氧化作用。

②每次试验前后，应清洗整个蒸馏设备。

③不得用橡胶塞、橡胶管连接蒸馏瓶及冷凝器，以防止对测定产生干扰。

6.3.2.12　阴离子表面活性剂

（1）常用方法

阴离子表面活性剂常用的测定方法见《水质　阴离子表面活性剂的测定　亚甲蓝分光光度法》（GB 7494—87）和《水质　阴离子表面活性剂的测定　流动注射-亚甲基蓝分光光度法》（HJ 826—2017）。

（2）注意事项

①取样和保存样品应使用清洁的玻璃瓶，并事先经甲醇清洗过。短期保存建议冷藏在 4℃冰箱中，如果样品需保存超过 24 小时，则应采取保护措施。保存期为 4 天，加入 1%（V/V）的 40%（V/V）甲醇溶液即可；保存期为 8 天，则需用氯仿饱和水样。

②测定前，应将水样预先经中速定性滤纸过滤以去除悬浮物。

③使用的玻璃器皿应使用清洗溶液和去离子水清洗，不宜用合成洗涤剂清洗。

④应注意管路系统的保养，经常清洗管路，用适量 1%的次氯酸钠清洗；每次试验前都应检查泵管是否磨损，并及时更换已损坏的泵管。应经常检查微量阀，如有颗粒物聚积在微量阀内，则应进行清洗。

6.3.2.13　总汞

（1）常用方法

水中的总汞是指未经过滤的样品经消解后测得的汞，包括无机的、有机结合的、可溶的和悬浮的全部汞。常用的测定方法见《水质　总汞的测定　冷原子吸收分光光度法》（HJ 597—2011）、《水质　汞、砷、硒、铋和锑的测定　原子荧光法》（HJ 694—2014）和《水质　总汞的测定　高锰酸钾-过硫酸钾消解法双硫腙分光光度法》（GB/T 7469—87）。

（2）注意事项

①样品采集后应当按照每升水样加入 5 mL 盐酸的比例添加保存剂。

②试验所用试剂（尤其是高锰酸钾）中的汞含量对空白试验测定值影响较大，因此，试验中应选择汞含量尽可能低的试剂。

③在样品还原前，所有试剂和试样的温度应保持一致（<25℃）。当环境温度低于 10℃时，灵敏度会明显降低。

④汞的测定易受到环境中汞的污染，在汞的测定过程中应加强对环境中汞的控制，保持清洁、加强通风。

⑤水蒸气对汞的测定有影响，会导致测定时响应值降低，应注意保持连接管路和汞吸收池干燥。可通过红外灯加热的方式去除汞吸收池中的水蒸气。

⑥反应装置的连接管宜采用硼硅玻璃、高密度聚乙烯、聚四氟乙烯、聚砜等材质，不宜采用硅胶管。

⑦实验中产生的废液和废物不可随意倾倒，应置于密闭容器中保存，委托有资质的单位进行处理。

⑧实验室所用的玻璃器皿均需用硝酸溶液（1+1）浸泡 24 小时，或用热硝酸荡洗。清洗时依次用自来水、去离子水洗净。

6.3.2.14　烷基汞

（1）常用方法

水中的烷基汞主要包括甲基汞、乙基汞两种形态，常用的测定方法见《水质　烷基汞的测定　气相色谱法》（GB/T 14204—93）和《水质　烷基汞的测定　吹扫捕集/气相色谱-冷原子荧光光谱法》（HJ 977—2018）。

（2）注意事项

①样品中含硫有机物（硫醇、硫醚、噻吩等）均可被富集萃取，在分析过程中积存在色谱柱内，使色谱柱分离效率下降，干扰烷基汞的测定。定期往色谱柱内注入二氯化汞苯饱和液，可以去除这些干扰，恢复色谱柱分离效率。

②四丙基硼化钠有毒，取用或加入时应快速并及时密封。失效的四丙基硼化钠溶液，应放入盛有盐酸溶液的大烧杯中，于 80℃加热分解残留物，待烧杯中溶液体积减少 1/2 时，收集剩余的废酸液，统一处置。

③衍生化前，试样中 Hg^{2+}含量必须低于 1 ng，在与试样等体积的水中加入 100 μL 汞标准使用液，按与试样测定相同的操作步骤和仪器条件进行测定，记录峰高或峰面积以此为参照，判断试样中的 Hg^{2+}含量是否超过 1 ng。

④样品蒸馏过程中，应注意观察所有蒸馏瓶中馏出液的体积，避免样品蒸馏过度。蒸馏结束后，应及时将蒸馏瓶与接收瓶之间的连接管线断开，并移出蒸馏瓶。

⑤试样分析过程中，Hg^{2+}出现异常高值或在设定时间内无法出峰完全时，应加测一个空白试样，防止影响后续样品的分析。

⑥实验所用的所有器皿（采样瓶、蒸馏瓶、接收瓶、进样瓶、聚四氟乙烯管等）应在硝酸溶液中浸泡至少 24 小时，用水洗净。玻璃瓶放入马弗炉于 400℃下灼烧 4 小时，冷却后待用。聚四氟乙烯材质的蒸馏瓶、接受瓶及管线需在洁净实验台上用无汞干燥空气或氮气吹干，然后用干净的双层聚乙烯袋包装，标记之后存放待用。

6.3.2.15 总镉

（1）常用方法

水中的总镉是指未经过滤的样品经消解后测得的镉。常用的测定方法有《水质 铜、锌、铅、镉的测定 原子吸收分光光度》（GB 7475—87）、《水质 镉的测定 双硫腙分光光度法》（GB 7471—87）、《水质 65 种元素的测定 电感耦合等离子体质谱法》（HJ 700—2014）和《水质　32 种元素的测定　电感耦合等离子体发射光谱法》（HJ 776—2015）。

（2）注意事项

①实验所用器皿，在使用前须用硝酸溶液浸泡至少 12 小时后，用去离子水冲洗干净后方可使用。

②采用双硫腙分光光度法测定时，除非证明试样的消化处理是不必要的，例如，不含悬浮物的地下水和清洁的地面水可直接测定。否则比较浑浊的地面水和含悬浮物和有机物较多的地面水或废水进行预处理。

③样品中存在强氧化剂时，可能破坏吡咯烷二硫代氨基甲酸铵，萃取前应去除；有些金属离子和吡咯烷二硫代氨基甲酸铵的络合物不稳定，萃取操作时要避免日光直射和避开热源。

④采用电感耦合等离子体质谱法测定时，当钾、钠、钙、镁等元素含量相对较高时，可选用其他国标方法测定。对于未知的废水样品，建议先用其他国家标准方法初测样品浓度，避免分析期间样品对检测器的潜在损害，同时鉴别浓度超过线性范围的元素。丰度较大的同位素会产生拖尾峰，影响相邻质量峰的测定。可调整质谱仪的分辨率以减少这种干扰。在连续分析浓度差异较大的样品或标准品时，样品中待测元素（如硼等）易沉积并滞留在真空界面、喷雾腔和雾化器上会导致记忆干扰，可通过延长样品间的洗涤时间来避免此类干扰的发生。

⑤电感耦合等离子体发射光谱法存在一定的记忆效应，在分析浓度差距较大的样品时，可通过延长清洗时间降低样品之间互相干扰；对于浓度特别大的样品，应稀释后再进行测定。

⑥实验中所用氢氧化钠-氰化钾溶液剧毒，称量和配制时要特别小心，取时要戴胶皮手套，避免沾污皮肤。

6.3.2.16 总铬

（1）常用方法

水中的总铬是指未经过滤的样品经消解后测得的铬。常用方法有《水质 总铬的测定》（GB/T 7466—87）、《水质 铬的测定 火焰原子吸收分光光度法》（HJ 757—2015）、《水质 65 种元素的测定 电感耦合等离子体质谱法》（HJ 700—2014）和《水质 32 种元素的测定 电感耦合等离子体发射光谱法》（HJ 776—2015）。

（2）注意事项

①测定高浓度可溶性铬和总铬时，只能使用火焰原子吸收分光光度法；其他情况三种方法均可使用。使用前应注意不同方法的适用范围。

②所有玻璃器皿、聚乙烯容器等内壁应保持光洁，防止铬离子被吸附，不得用重铬酸钾洗液洗涤，须先用洗涤剂洗净，在用硝酸溶液浸泡 24 小时以上，使用前再依次用自来水和实验用水洗净。

③实验室样品采集时，加入硝酸调节样品 pH＜2。在采集后尽快测定，如需放置，不宜超过 24 小时。

④采用分光光度法测定时，清洁的地面水可直接测定，样品中含有大量的有机物需要进行消解处理。

⑤采用电感耦合等离子体质谱法测定时，当钾、钠、钙、镁等元素含量相对较高时，可选用其他国家标准方法测定。对于未知的废水样品，建议先用其他国家标准方法初测样品浓度，避免分析期间样品对检测器的潜在损害，同时鉴别浓度超过线性范围的元素。丰度较大的同位素会产生拖尾峰，影响相邻质量峰的测定。可调整质谱仪的分辨率以减少这种干扰。在连续分析浓度差异较大的样品或标准品时，样品中待测元素（如硼等）易沉积并滞留在真空界面、喷雾腔和雾化器上会导致记忆干扰，可通过延长样品间的洗涤时间来避免此类干扰的发生。

⑥电感耦合等离子体发射光谱法存在一定的记忆效应，在分析浓度差距较大

的样品时，可通过延长清洗时间降低样品之间互相干扰；对于浓度特别大的样品，应稀释后再进行测定。

6.3.2.17　六价铬

（1）常用方法

水中六价铬的测定常用方法见《水质　六价铬的测定　二苯碳酰二肼分光光度法》（GB/T 7467—87）和《水质　六价铬的测定　流动注射-二苯碳酰二肼光度法》（HJ 908—2017）。

（2）注意事项

①所有玻璃仪器不能使用重铬酸钾洗液洗涤，可用硝酸、硫酸混合液或洗涤剂洗涤。玻璃器皿内壁应保持光洁，防止铬被吸附。

②实验室样品应当使用玻璃瓶采集，采集后应加入氢氧化钠，调节样品 pH 约为 8，尽快测定，如需放置，不宜超过 24 小时。

③样品经锌盐沉淀分离法前处理后，仍含有机物干扰测定时，可用酸性高锰酸钾氧化法破坏有机物后再进行测定。

6.3.2.18　总砷

（1）常用方法

水中的总砷是指未经过滤的样品经消解后测得的砷，包括单体形态、无机和有机结合化合物中砷的总量。常用测定方法见《水质　总砷的测定　二乙基二硫代氨基甲酸银分光光度法》（GB 7485—87）、《水质　汞、砷、硒、铋和锑的测定　原子荧光法》（HJ 694—2014）、《水质　65 种元素的测定　电感耦合等离子体质谱法》（HJ 700—2014）和《水质　32 种元素的测定　电感耦合等离子体发射光谱法》（HJ 776—2015）。

（2）注意事项

①样品采集后应当按照每 1 000 mL 水样加入 2 mL 盐酸的比例添加保存剂。

②实验用的玻璃器皿或塑料器皿洗涤干净后，在稀硝酸溶液中浸泡至少 12 小时，使用前用蒸馏水冲洗干净。

③采用原子荧光法测定时，酸性介质中能与硼氢化钾反应生成氢化物的元素会相互影响产生干扰，加入硫脲+抗坏血酸溶液可以基本消除干扰。硼氢化钾是强还原剂，极易与空气中的硼氢化钾氧气和二氧化碳反应，在中性和酸性溶液中易分解产生氢气，所以配制硼氢化钾还原剂时，要将硼氢化钾固体溶解在氢氧化钠溶液中，并临用现配。

④采用电感耦合等离子体质谱法测定时，当钾、钠、钙、镁等元素含量相对较高时，可选用其他国家标准方法测定。对于未知的废水样品，建议先用其他国家标准方法初测样品浓度，避免分析期间样品对检测器的潜在损害，同时鉴别浓度超过线性范围的元素。丰度较大的同位素会产生拖尾峰，影响相邻质量峰的测定。可调整质谱仪的分辨率以减少这种干扰。在连续分析浓度差异较大的样品或标准品时，样品中待测元素（如硼等）易沉积并滞留在真空界面、喷雾腔和雾化器上会导致记忆干扰，可通过延长样品间的洗涤时间来避免此类干扰的发生。

⑤电感耦合等离子体发射光谱法存在一定的记忆效应，在分析浓度差距较大的样品时，可通过延长清洗时间降低样品之间互相干扰；对于浓度特别大的样品，应稀释后再进行测定。

6.3.2.19　总铅

（1）常用方法

水中的总铅是指未经过滤的样品经消解后测得的铅。常用测定方法见《水质　铅的测定　双硫腙分光光度法》（GB 7470—87）、《水质　铜、锌、铅、镉的测定　原子吸收分光光度》（GB 7475—87）、《水质　65 种元素的测定　电感耦合等离子体质谱法》（HJ 700—2014）和《水质　32 种元素的测定　电感耦合等离子体发射光谱法》（HJ 776—2015）。

（2）注意事项

①用聚乙烯塑料瓶采集样品。实验所用器皿，在使用前须用硝酸溶液浸泡至少 12 小时后，用去离子水冲洗干净后方可使用。

②采样后，每 1 000 mL 水样立即加入 2.0 mL 硝酸酸化至 pH 约为 1.5，加入 5 mL 碘溶液以免挥发性有机铅化合物在水样处理和消化过程中损失。

③采用原子吸收分光光度法测定时，若样品中存在强氧化剂，可能破坏吡咯烷二硫代氨基甲酸铵，萃取前应去除，萃取操作时要避免日光直射和避开热源。

④采用电感耦合等离子体质谱法测定时，当钾、钠、钙、镁等元素含量相对较高时，可选用其他国家标准方法测定。对于未知的废水样品，建议先用其他国家标准方法初测样品浓度，避免分析期间样品对检测器的潜在损害，同时鉴别浓度超过线性范围的元素。丰度较大的同位素会产生拖尾峰，影响相邻质量峰的测定。可调整质谱仪的分辨率以减少这种干扰。在连续分析浓度差异较大的样品或标准品时，样品中待测元素（如硼等）易沉积并滞留在真空界面、喷雾腔和雾化器上会导致记忆干扰，可通过延长样品间的洗涤时间来避免此类干扰的发生。

⑤电感耦合等离子体发射光谱法存在一定的记忆效应，在分析浓度差距较大的样品时，可通过延长清洗时间降低样品之间互相干扰；对于浓度特别大的样品，应稀释后再进行测定。

6.3.2.20　总镍

（1）常用方法

水中的总镍是指未经过滤的样品经消解后测得的镍的总量。常用测定方法见《水质　镍的测定　丁二酮肟分光光度法》（GB 11910—89）、《水质　镍的测定　火焰原子吸收分光光度法》（GB 11912—89）、《水质　65 种元素的测定　电感耦合等离子体质谱》（HJ 700—2014）和《水质　32 种元素的测定　电感耦合等离子体发射光谱法》（HJ 776—2015）。

（2）注意事项

①测定地表水和地下水中总镍时，只能使用电感耦合等离子体质谱法；测定工业废水和受镍污染的环境水中总镍时，三种方法均可使用。使用前应注意不同方法的适用范围。

②实验所用器皿，在使用前须用硝酸溶液浸泡至少 12 小时后，用去离子水冲洗干净后方可使用。

③样品采集后应当立即加入硝酸调节水样 pH 为 1～2。

④采用原子吸收分光光度法测定时，测定可滤态镍时，用 0.45 μm 滤膜制备，并立即酸化后直接喷入测定；测定镍总量时，一般进行消解前处理。

⑤采用电感耦合等离子体质谱法测定时，当钾、钠、钙、镁等元素含量相对较高时，可选用其他国标方法测定。对于未知的废水样品，建议先用其他国标方法初测样品浓度，避免分析期间样品对检测器的潜在损害，同时鉴别浓度超过线性范围的元素。丰度较大的同位素会产生拖尾峰，影响相邻质量峰的测定。可调整质谱仪的分辨率以减少这种干扰。在连续分析浓度差异较大的样品或标准品时，样品中待测元素（如硼等）易沉积并滞留在真空界面、喷雾腔和雾化器上会导致记忆干扰，可通过延长样品间的洗涤时间来避免此类干扰的发生。

⑥电感耦合等离子体发射光谱法存在一定的记忆效应，在分析浓度差距较大的样品时，可通过延长清洗时间降低样品之间互相干扰；对于浓度特别大的样品，应稀释后再进行测定。

6.3.2.21　石油烃（C_6—C_9）

（1）常用方法

水中挥发性石油烃（C_6—C_9）是指在标准规定的条件下，在气相色谱图上保留时间介于 2-甲基戊烷（包含）与 n-$C_{10}H_{22}$（不包含）之间的物质，包括脂肪烃、脂环烃、芳香烃或烷基化的芳香烃等。常用测定方法见《水质　挥发性石油烃（C_6—C_9）的测定　吹扫捕集/气相色谱法》（HJ 893—2017）。

（2）注意事项

①在分析过程中，若发生仪器气路泄漏、吹扫针堵塞等问题，都会影响分析结果的准确性。为避免以上情况影响实际样品分析数据的准确性，建议分析样品时加入替代物，以替代物的回收率追踪样品分析过程有无异常。由于在标准系列中加入了替代物，所以在挥发性石油烃（C_6—C_9）的峰面积加和中应扣除替代物的面积。

②吹扫捕集系统中不得使用除聚四氟乙烯外的塑料或橡胶材料；应保证周边环境的清洁，防止外界污染干扰测定。

③分析高浓度样品后，需分析空白样品，如空白样品的测定结果大于方法检出限，必须用水清洗干净，必要时可用 10%的甲醇水溶液进行整个管理清洗，直至空白样品的测定结果低于方法检出限。

④所有玻璃器皿必须严格清洗，并在 130℃的烘箱中烘干 2 小时，存放在清洁的环境中。

6.3.2.22　石油烃（C_{10}—C_{40}）

（1）常用方法

水中可萃取石油烃（C_{10}—C_{40}）是指在标准规定的条件下，能够被二氯甲烷萃取且不被硅酸镁吸附，在气相色谱图上保留时间介于 n-$C_{10}H_{22}$（包含）与 n-$C_{40}H_{82}$（包含）之间的物质，包括脂肪烃、脂环烃、芳香烃或烷基化的芳香烃等。常用测定方法见《水质　可萃取性石油烃（C_{10}—C_{40}）的测定　气相色谱法》（HJ 894—2017）。

（2）注意事项

①由于本方法定量方式为 $C_{10}H_{22}$ 至 $C_{40}H_{82}$ 总峰面积积分，如果柱流失过大会导致结果偏高，因此需定期检查柱流失的谱图，以免色谱柱性能变化带来偏差。

②卤代烃含量过高的样品，会导致结果偏高。

第7章 废水自动监测技术要点

近年来，为加大地区排污的监控力度和满足排污许可的要求，全国各级生态环境部门大力推进废水自动监测系统的建设。废水自动监测系统也称水污染源在线监测系统，通常由水污染源在线监测设备和水污染源在线监测站房组成。随着全国废水自动监测系统规模的逐年增长，做好系统的建设、验收及运行维护管理工作成为影响数据质量关键环节。本章基于《水污染源在线监测系统（COD_{Cr}、NH_3-N 等）安装技术规范》（HJ 353—2019）、《水污染源在线监测系统（COD_{Cr}、NH_3-N 等）验收技术规范》（HJ 354—2019）、《水污染源在线监测系统（COD_{Cr}、NH_3-N 等）运行技术规范》（HJ 355—2019）和《水污染源在线监测系统（COD_{Cr}、NH_3-N 等）数据有效性判别技术规范》（HJ 356—2019）等标准，对废水自动监测系统的建设、验收及运行维护应注意的技术要点进行了梳理。

7.1 水污染源在线监测系统组成

水污染源在线监测系统通常包括流量监测单元、水质自动采样单元、水污染源在线监测仪器、数据控制单元以及相应的建筑设施等。

（1）流量监测单元通常包括明渠流量计或管道流量计。采用超声波明渠流量计测定流量，应按技术规范要求修建堰（槽）；管道流量计可选择电磁流量计。

（2）水质自动采样单元通常是指采样管路、采样泵以及水质自动采样器。采样管路应根据废水水质选择优质的聚氯乙烯（PVC）、三丙聚丙烯（PPR）等不影响分析结果的硬管，配有必要的防冻和防腐设施。采样泵应根据水样流量、废水水质、水质自动采样器的水头损失及水位差进行合理选择。采样管路宜设置为明管，并标注水流方向。根据《水污染源在线监测系统（COD_{Cr}、NH_3-N 等）安装技术规范》（HJ 353—2019）的要求，水质自动采样单元应具有采集瞬时水样和混合水样、混匀及暂存水样、自动润洗及排空混匀桶，以及留样功能。

（3）水污染源在线监测仪器是指在现场用于监控、监测污染物排放的化学需氧量（COD_{Cr}）的在线自动监测仪、pH 水质自动分析仪、氨氮水质自动分析仪、总磷水质自动分析仪、污水流量计、水质自动采样器和数据采集传输仪等仪器、仪表。

COD_{Cr} 在线自动监测仪的测定方法多采用重铬酸钾法，对于高氯废水也可考虑采用总有机碳（TOC），但必须与重铬酸钾法做对照实验，得到相关系数，换算成重铬酸钾法监测数据输出。

pH 水质自动分析仪采用玻璃电极法测定。

氨氮水质自动分析仪的测定方法有纳氏试剂光度法、氨气敏电极法、水杨酸-次氯酸盐比色法等。

总磷在线自动监测仪的测定多采用钼锑抗分光光度法。

总氮在线自动监测仪的测定多采用连续流动-盐酸萘乙二胺分光光度法和碱性过硫酸钾消解紫外分光光度法。

数据采集设备主要是对各种监测设备测量的数据进行采集、存储及处理，并将有关的数据存储和输出。

数据传输设备对采集的各种监测数据传输至生态环境主管部门，目前，数据的传输有多种方式，包括 GPRS 方式、GSM 短消息方式、局域网方式等。

（4）数据控制单元是指实现控制整个水污染源在线监测系统内部仪器设备联动，自动完成水污染源在线监测仪器的数据采集、整理、输出及上传至监控中心平台，接受监控中心平台命令控制水污染源在线监测仪器运行等功能的单元。根据《水污染源在线监测系统（COD$_{Cr}$、NH$_3$-N 等）安装技术规范》（HJ 353—2019）的要求，数据控制单元可控制水质自动采样单元采样、送样及留样等操作。

（5）总体要求。排污单位在安装自动监测设备时，应当根据国家对每个监测设备的具体技术要求进行选型安装。选型安装在线监测仪器时，应根据污染物浓度和排放标准，选择检测范围与之匹配的在线监测仪器，监测仪器应满足国家对应仪器的技术要求，如《化学需氧量（COD$_{Cr}$）水质在线自动监测仪技术要求及监测方法》（HJ 377—2019）、《氨氮水质在线自动监测仪技术要求及检测方法》（HJ 101—2019）、《总氮水质自动分析仪技术要求》（HJ/T 102—2003）、《总磷水质自动分析仪技术要求》（HJ/T 103—2003）和《pH 水质自动分析仪技术要求》（HJ/T 96—2003）等。选型安装数据传输设备时，应按照《污染物在线监控（监测）系统数据传输标准》（HJ 212—2017）和《污染源在线自动监控（监测）数据采集传输仪技术要求》（HJ 477—2009）的规范要求设置，不得添加其他可能干扰监测数据存储、处理、传输的软件或设备。

在污染源自动监测设备建设、联网和管理过程中，当地生态环境主管部门有相关规定的，应同时参考地方的规定要求。如上海市环保境保护局于 2017 年发布的《上海市固定污染源自动监测建设、联网、运维和管理有关规定》。

7.2　现场安装要求

废水自动监测系统现场安装主要涉及现场监测站房建设、排放口规范化整治、采样点位选取等内容，其中监测站房的建筑设计应作为在线监控的专室专用，远离有腐蚀性气体的地点，并满足所处位置的气候、生态、地质、安全等要求，站房内应安装空调和冬季采暖设备，空调具有来电自启动功能，具备温湿度计；排放口应满足生态环境主管部门规定的排放口规范化设置要求；监测站房内、采样口等区域应安装视频监控设备；采样点位应避开有腐蚀性气体、较强的电磁干扰和振动的地方，应易于到达，且保证采样管路不超过 50 m，同时应有足够的工作空间和安全措施，便于采样和维护操作。具体要求详见 5.2.4 节。

7.3　调试检测

废水污染源自动监测设备现场安装完成后，需对其进行调试、试运行，以验证设备是否符合连续稳定运行的技术要求。

7.3.1　调试

调试是指对流量计、水质自动采样器、水质自动分析仪运行初期进行校准、校验的检查，并按照标准规范要求编制调试报告。具体要求如下：

（1）明渠流量计应进行流量比对误差和液位比对误差测试。

（2）水质自动采样器应进行采样量误差和温度控制误差测试。

（3）水质自动分析仪应根据排污企业排放浓度选择量程，并在该量程下进行 24 小时漂移、重复性、示值误差以及实际水样比对测试。

（4）各水污染源在线监测仪器指标应符合相关技术要求的调试效果，TOC 水质自动分析仪参照 COD_{Cr} 水质自动分析仪执行。

7.3.2　试运行

设备调试完成后，进入试运行阶段，根据实际水污染源排放特点及建设情况，编制水污染源在线监测系统运行与维护方案以及相应的记录表格，最终编制试运行报告。具体要求如下：

（1）试运行期间应保持对水污染源在线监测系统连续供电，连续正常运行 30 天。

（2）可设定任一时间（时间间隔不小于 24 小时），由水污染源在线系统自动调节零点和校准量程值。

（3）因排放源故障或在线监测系统故障造成试运行中断，在排放源或在线监测系统恢复正常后，重新开始试运行。

（4）试运行期间数据传输率应不小于 90%。

（5）数据控制系统已经和水污染源在线监测仪器正确连接，并开始向监控中心平台发送数据。

7.4 验收要求

自动监测设备完成安装、调试及试运行并与生态环境主管部门联网，同时符合下列要求后，建设方组织仪器供应商、管理部门等相关方实施技术验收工作，并编制在线验收报告。验收主要内容应包括建设验收、仪器设备验收、联网验收及运行与维护方案验收。验收前自动监测设备应满足以下条件：

（1）提供水污染源在线监测系统的选型、工程设计、施工、安装调试及性能等相关技术资料。

（2）水污染源在线监测系统已完成调试与试运行，并提交运行调试报告与试运行报告。

（3）提供流量计、标准计量堰（槽）的检定证书，水污染源在线监测仪器应符合《水污染源在线监测系统（COD$_{Cr}$、NH$_3$-N 等）安装技术规范》（HJ 353—2019）中表 1 技术要求的证明材料。

（4）水污染源在线监测系统所采用的基础通信网络和基础通信协议应符合《污染物在线监控（监测）系统数据传输标准》（HJ 212—2017）的相关要求，对通信规范的各项内容做出响应，并提供相关的自检报告。同时提供生态环境主管部门出具的联网证明。

（5）水质自动采样单元已稳定运行 30 天，可采集瞬时水样和具有代表性的混合水样供水污染源在线监测仪器分析使用，可进行留样并报警。

（6）验收过程供电不间断。

（7）数据控制单元已稳定运行 30 天，向监控中心平台及时发送数据，其间设备运转率应大于 90%；数据传输率应大于 90%。

7.4.1　建设验收要求

建设验收主要是对污染源排放口、流量监测单元、监测站房、水质自动采样单元、数据控制单元进行验收，主要内容如下：

（1）污染源排放口应符合相关技术规范要求，具备便于水质自动采样单元和流量监测单元安装条件的采样口，并设置人工采样口。

（2）流量计安装处应设置有对超声波探头检修和比对的工作平台，可方便实现对流量计的检修和比对工作。

（3）监测站房专室专用，新建监测站房面积应不小于 15 m²，站房高度不低于2.8 m。

（4）水质自动采样单元应具有采集瞬时水样和混合水样、混匀及暂存水样、自动润洗及排空混匀桶，以及瞬时水样和混合水样的留样功能；pH 水质自动分析仪、温度计应具有原位测量或测量瞬时水样功能；COD_{Cr}、TOC、$NH_3\text{-}N$、TP、TN 水质自动分析仪应具有测量混合水样功能。

（5）数据控制单元可协调统一运行水污染源在线监测系统，采集、储存、显示监测数据及运行日志，并向监控中心平台上传污染源监测数据。

7.4.2　在线监测仪器验收要求

7.4.2.1　基本验收要求

（1）水污染源在线监测仪器验收包括对 COD_{Cr} 在线自动监测仪、TOC 水质自动分析仪、pH 水质自动分析仪、氨氮水质自动分析仪、总磷水质自动分析仪、总氮水质自动分析仪、超声波明渠污水流量计、水质自动采样器等技术指标进行验收。

（2）性能验收内容包括液位比对误差、流量比对误差、采样量误差、温度控制误差、24 小时漂移、准确度以及实际水样比对测试。

7.4.2.2　性能验收

（1）COD$_{Cr}$ 在线自动监测仪、TOC 水质自动分析仪、pH 水质自动分析仪、氨氮水质自动分析仪、总磷水质自动分析仪、总氮水质自动分析仪验收应包括 24 小时漂移、准确度、实际水样比对。验收指标要求见《水污染源在线监测系统（COD$_{Cr}$、NH$_3$-N 等）验收技术规范》（HJ 354—2019）表 2。

（2）超声波流量计验收应包括液位比对误差、流量比对误差。验收指标要求见《水污染源在线监测系统（COD$_{Cr}$、NH$_3$-N 等）验收技术规范》（HJ 354—2019）表 2。

（3）水质自动采样器验收应包括采样量误差、温度控制误差。验收指标要求见《水污染源在线监测系统（COD$_{Cr}$、NH$_3$-N 等）验收技术规范》（HJ 354—2019）表 2。

7.4.3　联网验收

联网验收由通信验收、数据传输正确性验收、联网稳定性验收、现场故障模拟恢复试验、生成统计报表等内容组成。

7.4.3.1　通信验收

通信验收包括通信稳定性、数据传输安全性、通信协议正确性三部分内容。

（1）通信稳定性：数据控制单元和监控中心平台之间通信稳定，不应出现经常性的通信连接中断、数据丢失、数据不完整等通信问题。数据控制单元在线率达 90% 以上，正常情况下，掉线后应在 5 min 之内重新上线。数据采集传输仪每日掉线次数在 5 次以内。数据传输稳定性在 99% 以上，当出现数据错误或丢失时，启动纠错逻辑，要求数据采集传输仪重新发送数据。

（2）数据传输安全性：数据采集传输仪在需要时可按照《污染物在线监控（监测）系统数据传输标准》（HJ 212—2017）中规定的加密方法进行加密处理传输，

保证数据传输的安全性。

（3）通信协议正确性：采用的通信协议应完全符合《污染物在线监控（监测）系统数据传输标准》（HJ 212—2017）的相关要求。

7.4.3.2　数据传输正确性验收

（1）系统稳定运行 30 天后，任取其中不少于连续 7 天的数据进行检查，要求监控中心平台接收的数据和数据控制单元采集和存储的数据完全一致。

（2）检查水污染源在线连续自动分析仪器存储的测定值、由数据控制单元所采集并存储的数据和监控中心平台接收的数据，这 3 个环节的实时数据误差小于 1%。

7.4.3.3　联网稳定性验收

在连续 30 天内，系统能稳定运行，不出现除通信稳定性、通信协议正确性、数据传输正确性以外的其他联网问题。

7.4.3.4　其他要求

（1）验收过程中应进行现场故障模拟恢复试验，人为模拟现场断电、断水和断气等故障，在恢复供电等外部条件后，水污染源在线连续自动监测系统应能正常自启动和远程控制启动。在数据控制单元中保存故障前完整分析的分析结果，并在故障过程中不丢失。数据控制系统完整记录所有故障信息。

（2）在线监测系统能够按照规定要求自动生成日统计表、月统计表和年统计表。

7.4.4　运行与维护方案验收

运行与维护方案应包含水污染源在线监测系统情况说明、运行与维护作业指导书及记录表格，并形成书面文件进行有效管理。

（1）水污染源在线监测系统情况说明应至少包含以下内容：排污单位基本情况，水污染在线监测系统构成图，水质自动采样系统流路图，数据控制系统构成图，所安装的水污染源在线监测仪器方法原理、选定量程、主要参数、所用试剂，以及按照《水污染源在线监测系统（COD_{Cr}、NH_3-N 等）运行技术规范》（HJ 355—2019）中规定建立的各组成部分的维护要点及维护程序。

（2）运行与维护作业指导书应至少包含以下内容：水污染在线监测系统各组成部分的维护方法，所安装的水污染源在线监测仪器的操作方法、试剂配制方法、维护方法，流量监测单元、水样自动采集单元及数据控制单元的维护方法。

（3）记录表格应满足运行与维护作业指导书中的设定要求。

7.4.5 验收报告要求

依据上述验收内容，编制验收报告［格式详见《水污染源在线监测系统（COD_{Cr}、NH_3-N 等）验收技术规范》（HJ 354—2019）附录 A］。验收报告后应附验收比对监测报告、联网证明和安装调试报告。验收报告内容全部符合要求后，方可通过验收。

7.5 运行管理要求

污染源自动监测设备通过验收后，自动监测设备即被认定为已处于正常开展状态，设备运行维护单位应按照相关技术规范的要求做好日常运行管理。

7.5.1 总体要求

水污染源在线监测设备运维单位应根据相关技术规范及仪器使用说明书开展运行管理工作，并制定完善的水污染源自动监测设备运行维护管理制度，确定系统运行操作人员和管理维护人员的工作职责。运维人员应具备相关专业知识，通过相应的培训教育和能力确认/考核等活动，熟练掌握水污染源在线监测设备的原理、使用和维护方法。

设备验收完成后应对设备相关参数进行备案，备案参数应与设备参数保持一致，如需修改相关参数，应提交情况说明，重新进行备案。

7.5.2　运维单位

运维单位应在服务省（自治区、直辖市）无不良运行维护记录，未出现过故意干扰在线监测仪器、在线监测数据弄虚作假的不良行为。运维单位应严格按照技术规范开展日常运行维护工作，建立完善的运行维护管理制度及档案资料备查，应备有所运行在线监测仪器的备用仪器，同时应配备相应仪器参比方法，实际水样比对试验装置。能够提供驻地运行维护服务，在设备出现故障 12 小时内到达现场及时处理，能与在线监测仪器建设单位保持良好沟通，确保在最短时间内修复故障。

7.5.3　管理制度

运维单位应建立水污染源自动监测设备运行维护管理制度，主要包括仪器设备运行与维护的作业指导书，日常巡检制度及巡检内容，定期维护制度及定期维护内容，定期校验和校准制度及内容，易损、易耗品的定期检查和更换制度，废药剂的收集处置制度，设备故障及应急处理制度，运行维护记录内容等一系列管理制度。

7.5.4　日常维护总体要求

运维单位应按照相关技术规范及仪器使用说明书建立日常巡检制度，开展日常巡检工作并做好记录。日常巡检内容主要包括每日通过远程检查或现场查看的方式检查仪器运行状态、数据传输系统以及视频监控系统是否正常，设备出现故障时应第一时间处理解决；除日常维护工作外，应按照相关要求和设备说明书完成每周、每月、每季度的检查维护工作。每日数据传输情况、定期的设备检查及保养情况应记录并归档。每次进行备件或材料更换时，更换的备件或材料的品名、规格、数量等应记录并归档。如更换标准物质或标准样品，还需记录标准物质或标准样品的浓度、配制时间、更换时间、有效期等信息。对日常巡检或维护保养中发现的故障或问题，系统管理维护人员应及时处理并记录。

7.5.5　运行技术总体要求

运维单位应按照相关技术规范要求定期进行自动标样核查和自动校准，同时定期进行实际水样比对试验。

7.6　质量保证要求

7.6.1　总体要求

水污染源自动监测设备日常运行质量保证是保障设备正常稳定运行、持续提供有质量保证监测数据的必要手段。操作维护人员每日远程检查或现场查看检测设备运行状态，如发现异常，应立即前往；操作维护人员每周至少一次对设备进行现场维护，包括试剂添加、设备状态检查、采样系统维护、供电系统检查等；操作维护人员每月一次对现场设备进行保养，包括检查和保养易损耗件、测量部件和对设备外壳进行清洗；每季度检查及更换易损耗件，用专用容器回收仪器设备产生的废液；操作维护人员每月至少进行一次实际水样比对试验，定期对设备进行自动标样核查和自动校准。当设备出现因故障或维护原因不能正常运行时，应在24小时内报告当地生态环境主管部门。以月为周期，每月设备有效数据率不得小于90%，以保证监测数据的数量要求。

有效数据率=仪器实际获得的有效数据个数/应获得的有效数据个数×100%

7.6.2 日常检查维护

7.6.2.1 运行和日常维护

（1）每日远程检查或现场查看仪器运行状态，检查数据传输系统以及视频监控系统是否正常，如发现数据有持续异常情况，应立即前往站点进行检查。

（2）每周至少一次对监测系统进行现场维护，现场维护内容包括：

检查自来水供应、泵取水情况；检查内部管路是否通畅、仪器自动清洗装置运行是否正常；检查各自动分析仪的进样水管和排水管是否清洁，必要时进行清洗；定期清洗水泵和过滤网。

检查站房内电路系统、通信系统是否正常。

对于用电极法测量的仪器，检查标准溶液和电极填充液，并进行电极探头的清洗。

若部分站点使用气体钢瓶，应检查载气气路系统是否密封、气压是否满足使用要求。

检查各仪器标准溶液和试剂是否在有效期内，按相关要求定期更换标准溶液和分析试剂。

观察数据采集传输仪运行情况，并检查连接处有无损坏，对数据进行抽样检查，对比自动分析仪、数据采集传输仪及监控中心平台接收到的数据是否一致。

检查水质自动采样系统管路是否清洁，采样泵、采样桶和留样系统是否正常工作，留样保存温度是否正常。

（3）每月现场维护内容

水质自动采样系统：根据情况更换蠕动泵管、清洗混合采样瓶等。

TOC 水质自动分析仪：检查 TOC-COD_{Cr} 转换系数是否适用，必要时进行修正。检查 TOC 水质自动分析仪的泵、管、加热炉温度等，检查试剂余量（必要时添加或更换），检查卤素洗涤器、冷凝器水封容器、增湿器，必要时加蒸馏水。

COD_{Cr} 水质在线自动监测仪：检查内部试管是否被污染，必要时进行清洗。

氨氮水质自动分析仪：检查气敏电极表面是否清洁，对仪器管路进行保养、清洁。

流量计：检查超声波流量计液位传感器高度是否发生变化，检查超声波探头与水面之间是否有干扰测量的物体，对堰体内影响流量计测定的干扰物进行清理；检查管道电磁流量计的检定证书是否在有效期内。

pH 水质自动分析仪：用酸液清洗一次电极，检查 pH 电极是否钝化，必要时进行校准或更换。

温度计：每月至少进行一次现场水温比对试验，必要时进行校准或更换。

每月的现场维护应包括对水污染源在线监测仪器进行一次保养，对仪器分析系统进行维护；对数据存储或控制系统工作状态进行一次检查；检查监测仪器接地情况，检查监测站房防雷措施。检查和保养仪器易损耗件，必要时进行更换；检查及清洗取样单元、消解单元、检测单元、计量单元等。

（4）每季度现场维护内容

检查及更换仪器易损耗件，检查关键零部件可靠性，如计量单元准确性、反应室密封性等，必要时进行更换。对于水污染源在线监测仪器所产生的废液应使用专用容器予以回收，交由有危险废物处理资质的单位处理，不得随意排放或回流入污水排放口。

（5）其他预防性维护

保证监测站房的安全性，进出监测站房应进行登记，包括出入时间、出入人员、出入原因等，应设置视频监控系统。

保持监测站房的清洁，保持设备的清洁，保证监测站房内的温度、湿度满足仪器正常运行的需求。

保持各仪器管路通畅，出水正常，无漏液。

对电源控制器、空调、排风扇、供暖、消防设备等辅助设备要进行经常性检查。

此处未提及的维护内容，按相关仪器说明书的要求进行仪器维护保养、易耗品的定期更换工作。

7.6.2.2　维护记录

操作人员应详细了解水污染源在线监测系统的基本情况，并填写相关记录表格。在对系统进行日常维护时，应做好巡检维护记录，巡检维护记录应包含日志检查、耗材检查、辅助设备检查、采样系统检查、水污染源在线监测仪器检查、数据采集传输系统检查等必检项目和记录，以及仪器使用说明书中规定的其他检查项目和仪器参数设置记录、标样核查及校准结果记录、检修记录、易耗品更换记录、标准样品更换记录及实际水样比对试验结果记录。

7.6.3　运行技术要求

运行技术要求包括自动标样核查和自动校准、实际水样比对试验。

7.6.3.1　自动标样核查和自动校准

选用浓度约为现场工作量程上限值 0.5 倍的标准样品定期进行自动标样核查。如果自动标样核查结果不符合《水污染源在线监测系统（COD_{Cr}、NH_3-N 等）运行技术规范》（HJ 355—2019）表 1 的规定，则应对仪器进行自动校准。仪器自动校准完后应使用标准溶液进行验证（可使用自动标样核查代替该操作），验证结果应符合 HJ 355—2019 表 1 的规定，如不符合则应重新进行一次校准和验证，如 6 小时内仍不符合 HJ 355—2019 表 1 的规定，则应进入人工维护状态。

在线监测仪器自动校准及验证时间如果超过 6 小时，则应采取人工监测的方法向相应生态环境主管部门报送数据，数据报送每天不少于 4 次，间隔时间不得超过 6 小时。

自动标样核查周期最长间隔时间不得超过 24 小时，校准周期最长间隔时间不得超过 7 天。

7.6.3.2　实际水样比对试验

除流量以外，运行维护人员每月应对每个站点所有自动分析仪至少进行 1 次实际水样比对试验；对于超声波明渠流量计每季度至少用便携式明渠流量计比对装置进行一次比对试验，试验结果均应满足 HJ 355—2019 表 1 规定的要求。

（1）COD$_{Cr}$、TOC、NH$_3$-N、TP、TN 水质自动分析仪

每月至少进行一次实际水样比对试验，采用水质自动分析仪与国家环境监测分析方法标准分别对相同的水样进行分析，两者测量结果组成一个测定数据对，至少获得 3 个测定数据对，计算实际水样比对试验的绝对误差或相对误差。

当实际水样比对试验的结果不满足标准规定的性能指标要求时，应对仪器进行校准和标准溶液验证后再次进行实际水样比对试验。如第二次实际水样比对试验结果仍不符合性能指标要求时，仪器应进入维护状态，同时此次实际水样比对试验至上次仪器自动校准或自动标样核查期间所有的数据均判断为无效数据。

仪器维护时间超过 6 小时时，应采取人工监测的方法向相应生态环境主管部门报送数据，数据报送每天不少于 4 次，间隔时间不得超过 6 小时。

（2）pH 水质自动分析仪和温度计

每月至少进行一次实际水样比对试验，采用 pH 水质自动分析仪和温度计与国家环境监测分析方法标准分别对相同的水样进行分析，计算仪器测量值与国家环境监测分析方法标准测定值的绝对误差。

当比对结果不符合标准规定的性能指标要求时，应对 pH 水质自动分析仪和温度计进行校准，校准完成后需再次进行比对，直至合格。

（3）超声波明渠流量计

每季度至少用便携式明渠流量计比对装置对现场安装使用的超声波明渠流量计进行 1 次比对试验（比对前应对便携式明渠流量计进行校准），当比对结果不符合标准规定的性能指标要求时，应对超声波明渠流量计进行校准，校准完成后需再次进行比对，直至合格。

①液位比对：分别用便携式明渠流量计比对装置（液位测量精度≤1 mm）和超声波明渠流量计测量同一水位观测断面处的液位值，进行比对试验，每 2 min 读取一次数据，连续读取 6 次，计算每一组数据的误差值，选取最大的一组误差值作为流量计的液位误差。

②流量比对：分别用便携式明渠流量计比对装置和超声波明渠流量计测量同一水位观测断面处的瞬时流量，进行比对试验，待数据稳定后开始计时，计时 10 min，分别读取明渠流量比对装置该时段内的累积流量和超声波明渠流量计该时段内的累积流量，最终计算出流量比对误差。

7.6.3.3　有效数据率

以月为周期，计算每个周期内水污染源在线监测仪实际获得的有效数据的个数占应获得的有效数据的个数的百分比不得小于 90%，有效数据的判定按照《水污染源在线监测系统（COD_{Cr}、$NH_3\text{-}N$ 等）数据有效性判别技术规范》（HJ 356—2019）的相关规定。

7.6.4　检修和故障处理要求

污染源自动监测设备发生故障后，应严格按照相关技术规范及管理要求进行设备检修，具体情况如下：

（1）水污染源在线监测系统需维修的，应在维修前报相应生态环境主管部门备案；需停运、拆除、更换、重新运行的，应经相应生态环境主管部门批准同意。

（2）因不可抗力和突发性原因致使水污染源在线监测系统停止运行或不能正常运行时，应当在 24 小时内报告相应生态环境主管部门并书面报告停运原因和设备情况。

（3）运行单位发现故障或接到故障通知，应在规定的时间内赶到现场处理并排除故障，无法及时处理的应安装备用仪器。

（4）水污染源在线监测仪器经过维修后，在正常使用和运行之前应确保其维修全部完成并通过校准和比对试验。若在线监测仪器进行了更换，在正常使用和运行之前，应确保其性能指标满足《水污染源在线监测系统（COD$_{Cr}$、NH$_3$-N 等）运行技术规范》（HJ 355—2019）表 1 的要求。维修和更换的仪器，可由第三方或运行单位自行出具比对检测报告。

（5）数据采集传输仪发生故障，应在相应生态环境主管部门规定的时间内修复或更换，并保证已采集的数据不丢失。

（6）运行单位应备有足够的备品备件及备用仪器，对其使用情况进行定期清点，并根据实际需要进行增购。

（7）水污染源在线监测仪器因故障或维护等原因不能正常工作时，应及时向相应生态环境主管部门报告，必要时采取人工监测，监测周期间隔时间不大于 6 小时，数据报送每天不少于 4 次，监测技术要求参照《污水监测技术规范》（HJ 91.1—2019）执行。

7.6.5   运行比对监测要求

7.6.5.1   在线监测系统采样管理

比对监测时，应记录水污染源在线监测系统是否按照《水污染源在线监测系统（COD$_{Cr}$、NH$_3$-N 等）安装技术规范》（HJ 353—2019）进行采样，并在报告中说明有关情况。比对监测应及时正确地做好原始记录，并及时正确地粘贴样品标签，以免混淆。

7.6.5.2   仪器质量控制要求

比对监测时，应核查水污染源在线监测仪器参数设置情况，必要时进行标准溶液抽查，核查标准溶液是否符合相关规定的要求，并在记录和报告中说明有关情况；比对监测所使用的标准样品和实际水样应符合现场安装仪器的量程；比对监测期间，禁止对在线监测仪器进行任何调试。

7.6.5.3　比对监测仪器性能要求

比对监测期间应对水污染源在线监测仪器进行比对试验，并符合《水污染源在线监测系统（COD_{Cr}、NH_3-N 等）安装技术规范》（HJ 353—2019）表 1 的要求。

7.6.6　运行档案与记录

（1）水污染源在线监测系统运行的技术档案包括仪器的说明书、《水污染源在线监测系统（COD_{Cr}、NH_3-N 等）安装技术规范》（HJ 353—2019）要求的系统安装记录和《水污染源在线监测系统（COD_{Cr}、NH_3-N 等）验收技术规范》（HJ 354—2019）要求的验收记录、仪器的检测报告以及各类运行记录表格。

（2）运行记录应清晰、完整，现场记录应在现场及时填写。可从记录中查阅和了解仪器设备的使用、维修和性能检验等全部历史资料，以便对运行的各台仪器设备做出正确评价。与仪器相关的记录可放置在现场并妥善保存。

（3）运行记录表格主要包括水污染源在线监测系统基本情况、巡检维护记录表、水污染源在线监测仪器参数设置记录表、标样核查及校准结果记录表、检修记录表、易耗品更换记录表、标准样品更换记录表、实际水样比对试验结果记录表、水污染源在线监测系统运行比对监测报告、运行工作检查表等［样式详见《水污染源在线监测系统（COD_{Cr}、NH_3-N 等）运行技术规范》（HJ 355—2019）］，运行单位可根据实际需求及管理需要调整或增加不同的表格。

7.6.7　数据有效性判别流程

水污染源在线监测系统的运行状态分为仪器正常采样监测时段和仪器非正常采样监测时段。数据有效性判别流程如图 7-1 所示。

图 7-1 水污染源在线监测系统数据有效性判别流程

7.6.7.1 数据有效性判别指标

（1）实际水样比对试验误差

①COD$_{Cr}$、TOC、NH$_3$-N、TP、TN 水质自动分析仪

对每个站点安装的 COD$_{Cr}$、TOC、NH$_3$-N、TP、TN 水质自动分析仪进行自动监测方法与《水污染源在线监测系统（COD$_{Cr}$、NH$_3$-N 等）数据有效性判别技术规范》（HJ 356—2019）表 1 中规定的国家环境监测分析方法标准的比对试验，两者测量结果组成一个测定数据对，至少获得 3 个测定数据对。比对过程中应尽可能保证比对样品均匀一致，实际水样比对试验结果应满足《水污染源在线监测系统（COD$_{Cr}$、NH$_3$-N 等）运行技术规范》（HJ 355—2019）表 1 的要求。

②pH 水质自动分析仪与温度计

对每个站点安装的 pH 水质自动分析仪、温度计进行自动监测方法与《水污

染源在线监测系统（COD_{Cr}、$NH_3\text{-}N$ 等）数据有效性判别技术规范》（HJ 356—2019）表 1 中规定的国家环境监测分析方法标准的比对试验，两者测量结果组成一个测定数据对，比对过程中应尽可能保证比对样品均匀一致，实际水样比对试验结果应满足《水污染源在线监测系统（COD_{Cr}、$NH_3\text{-}N$ 等）运行技术规范》（HJ 355—2019）表 1 的要求。

（2）标准样品试验误差

标准样品试验包括自动标样核查、标准溶液验证。

对每个站点安装的 COD_{Cr}、TOC、$NH_3\text{-}N$、TP、TN 水质自动分析仪，采用有证标准样品作为质控考核样品，以浓度约为现场工作量程上限值 0.5 倍的标准样品进行自动标样核查试验，试验结果应满足《水污染源在线监测系统（COD_{Cr}、$NH_3\text{-}N$ 等）运行技术规范》（HJ 355—2019）表 1 的要求，否则应对仪器进行自动校准，仪器自动校准完成后应使用标准溶液进行验证（可使用自动标样核查代替该操作），验证结果应满足《水污染源在线监测系统（COD_{Cr}、$NH_3\text{-}N$ 等）运行技术规范》（HJ 355—2019）表 1 的要求。

（3）超声波明渠流量计比对试验误差

对每个站点安装的超声波明渠流量计进行自动监测方法与手工监测方法的比对试验，比对试验的方法按照 7.6.3.2 的相关规定进行，比对试验结果应满足《水污染源在线监测系统（COD_{Cr}、$NH_3\text{-}N$ 等）运行技术规范》（HJ 355—2019）表 1 的要求。

7.6.7.2　数据有效性判别方法

（1）有效数据判别

①排污单位可以利用具备自动标记功能的自动监测设备在自动监测设备现场端进行自动标记，也可以授权有关责任人在自动监控系统企业服务端进行人标记。鼓励排污单位优先进行自动标记，提高标记准确度，减少人工标记工作量。同一时段同时存在人工标记和自动标记时，以人工标记为准。排污单位完成标记即审

核确认自动监测数据的有效性。

②自动标记即时生成，各项自动监测数据由自动监测设备同步按照相关标准规范分别计算。一般情况下，每日 12 时前完成前一日数据的人工标记，各项自动监测数据由自动监控系统企业服务端计算；如因通信中断数据未上传、系统升级维护等导致无法进行人工标记时，应当在数据上传后或标记功能恢复后 24 小时内完成人工标记。逾期不进行人工标记，视为对自动监测数据的有效性无异议。

③自动监测日均值数据有效性，依据自动监测小时均值数据标记情况进行自动判断。

④正常采样监测时段获取的监测数据，满足 7.6.7.1 的数据有效性判别标准，可判别为有效数据。

⑤监测值为零值、零点漂移限值范围内的负值或低于仪器检出限时，需要通过现场检查、实际水样比对试验、标准样品试验等质控手段来识别，对于因实际排放浓度过低而产生的上述数据，仍判断为有效数据。

⑥监测值如出现急剧升高、急剧下降或连续不变等情况，则需要通过现场检查、实际水样比对试验、标准样品试验等质控手段来识别，再做判别和处理。

⑦水污染源在线监测系统的运维记录应当记载运行过程中报警、故障维修、日常维护、校准等内容，运维记录可作为数据有效性判别的证据。

⑧水污染源在线监测系统应可调阅和查看详细的日志，日志记录可作为数据有效性判别的证据。

（2）无效数据判别

①自动监测数据不能真实、准确、完整反映污染物排放实际状况时，排污单位按要求如实标记的，视为自动监测数据无效。

②当流量为零时，在线监测系统输出的监测值为无效数据。

③水质自动分析仪、数据采集传输仪以及监控中心平台接收到的数据误差大于 1%时，则监控中心平台接收到的数据为无效数据。

④发现标准样品试验不合格、实际水样比对试验不合格时，从此次不合格时

刻至上次校准校验（自动校准、自动标样核查、实际水样比对试验中的任何一项）合格时刻期间的在线监测数据均判断为无效数据，从此次不合格时刻起至再次校准校验合格时刻期间的数据，作为非正常采样监测时段数据，判断为无效数据。

⑤水质自动分析仪停运期间、因故障维修或维护期间、有计划（质量保证和质量控制）地维护保养期间、校准和校验等非正常采样监测时间段内输出的监测值为无效数据，但应对该时段数据做标记，作为监测仪器检查和校准的依据予以保留。

判断为无效的数据应注明原因，并保留原始记录。

7.6.7.3　有效均值的计算

（1）数据统计

正常采样监测时段获取的有效数据，应全部参与统计。

监测值为零值、零点漂移限值范围内的负值或低于仪器检出限，并判断为有效数据时，应采用修正后的值参与统计。修正规则：COD_{Cr} 修正值为 2 mg/L、NH_3-N 修正值为 0.01 mg/L、TP 修正值为 0.005 mg/L、TN 修正值为 0.025 mg/L。

（2）有效日均值

有效日均值是对应于以每日为一个监测周期获得的某个污染物（COD_{Cr}、NH_3-N、TP、TN）的所有有效监测数据的平均值，参与统计的有效监测数据数量应不少于当日应获得数据数量的 75%。有效日均值是以流量为权的某个污染物的有效监测数据的加权平均值。

（3）有效月均值

有效月均值是对应于以每月为一个监测周期获得的某个污染物（COD_{Cr}、NH_3-N、TP、TN）的所有有效日均值的算术平均值，参与统计的有效日均值数量应不少于当月应获得数据数量的 75%。

7.6.7.4 无效数据的处理

正常采样监测时段，当 COD_{Cr}、NH_3-N、TP 和 TN 监测值判断为无效数据，且无法计算有效日均值时，其污染物日排放量可以用上次校准校验合格时刻前 30 个有效日排放量中的最大值进行替代，污染物浓度和流量不进行替代。非正常采样监测时段，当 COD_{Cr}、NH_3-N、TP 和 TN 监测值判断为无效数据，且无法计算有效日均值时，优先使用人工监测数据进行替代，每天获取的人工监测数据应不少于 4 次，替代数据包括污染物日均浓度、污染物日排放量。如无人工监测数据替代，其污染物日排放量可以用上次校准校验合格时刻前 30 个有效日排放量中的最大值进行替代，污染物浓度和流量不进行替代。

流量为零时的无效数据不进行替代。

第8章 废气手工监测技术要点

与废水手工监测类似，废气手工监测也是一项全面性、系统性的工作。我国同样有一系列监测技术规范和方法标准用于指导和规范废气手工监测。本章立足现有的技术规范和标准，结合日常工作经验，分别针对有组织废气、无组织废气归纳总结了常见的方法和操作要求，以及方法使用过程中的重点注意事项。对于一些虽然适用，但不够便捷，目前实际应用很少的方法，本书中未列举，若排污单位根据实际情况，确实需要采用这类方法的，应严格按照方法的适用条件和要求开展相关监测活动。

8.1 有组织废气监测

8.1.1 监测方式

有组织废气监测主要是针对排污单位通过排气筒排放的污染物排放浓度、排放速率、排气参数等开展的监测，主要的监测方式有现场测试和现场采样+实验室分析两种。

（1）现场测试

现场测试是指采用便携式仪器在污染源现场直接采集气态样品，通过预处理后进行即时分析，现场得到污染物的相关排放信息。目前，采用现场测试的主要指标包括二氧化硫、氮氧化物、颗粒物、排气参数（温度、氧含量、含湿量、流速）等，测试方法主要包括定电位电解法、非分散红外法、皮托管法、热电偶法、干湿球法等。

（2）现场采样+实验室分析

现场采样+实验室分析是指采用特定仪器采集一定量的污染源废气并妥善保存带回实验室进行分析。目前我国大多数污染物指标仍采用这种监测方式，主要的采样方式包括直接采样法（气袋、注射器、采样管、真空瓶等）和富集（浓缩）采样法（活性炭吸附、滤筒、滤膜捕集、吸收液吸收等），主要的分析方法包括重量法、色谱法、质谱法、分光光度法等。

8.1.2　现场采样

8.1.2.1　现场采样方式

（1）现场直接采样

现场直接采样包括注射器采样、气袋采样、采样管采样和真空瓶（管）采样。现场采样时，应按照《固定污染源排气中颗粒物测定与气态污染物采样方法》（GB/T 16157—1996）的规定配备相应的采样系统采样。

1）注射器采样

常用 100 mL 注射器（图 8-1）采集样品。采样时，先用现场气体抽洗 2～3 次，然后抽取 100 mL，密封进气口，带回实验室分析。样品存放时间不宜过长，一般当天分析完。

气相色谱分析法常采用此方法取样。取样后，应将注射器进气口朝下，垂直放置，以使注射器内压略大于外压，避光保存。

图 8-1　注射器

2）气袋采样

应选择不吸附、不渗漏，不与样气中污染组分发生化学反应的气袋，如聚四氟乙烯袋、聚乙烯袋、聚氯乙烯袋和聚酯袋等，还有用金属薄膜作衬里（如衬银、衬铝）的气袋。采样气袋见图 8-2。

图 8-2　采样气袋

采样时，先用待测废气抽洗 2～3 次，再充满样气，夹封进气口，带回实验室尽快分析。

3）采样管采样

采样时，打开两端旋塞，用抽气泵接在采样管的一端，迅速抽进比采样管容积大 6～10 倍的待测气体，使采样管中原有气体被完全置换出，关上旋塞，采样管体积即为采气体积。采样管见图 8-3。

图 8-3　采样管

4）真空瓶采样

真空瓶是一种具有活塞的耐压玻璃瓶。采样前，先用抽真空装置把真空瓶内气体抽走，抽气减压到绝对压力为 1.33 kPa。采样时，打开旋塞采样，采完关闭旋塞，采样体积即真空瓶体积。真空瓶见图 8-4。

图 8-4　真空瓶

（2）富集（浓缩）采样法

富集（浓缩）采样法主要包括溶液吸收法、填充柱阻留法和滤料阻留法等。

1）溶液吸收法

原理：采样时，用抽气装置将待测废气以一定流量抽入装有吸收液的吸收瓶，并采集一段时间。采样结束后，送实验室进行测定。

吸收液选用应遵循的原则：

①反应快，溶解度大；

②稳定时间长；

③吸收后利于分析；

④毒性小，价格低，易于回收。

2）填充柱阻留法

原理：填充柱是用一根长 6～10 cm、内径 3～5 mm 的玻璃管或塑料管，内装颗粒状填充剂制成。采样时，让气样以一定流速通过填充柱，待测组分因吸附、溶解或化学反应等作用被阻留在填充剂上，达到浓缩采样的目的。采样后，通过解吸或溶剂洗脱，使被测组分从填充剂上释放出来进行测定。

填充剂主要类型：

①吸附型：活性炭、硅胶、分子筛、高分子多孔微球等；

②分配型：涂高沸点有机溶剂的惰性多孔颗粒物；

③反应型：惰性多孔颗粒物、纤维状物表面能与被测组分发生化学反应。

3）滤料阻留法

原理：该方法是将过滤材料［滤筒（图 8-5）、滤膜等］放在采样装置内，用抽气装置抽气，废气中的待测物质被阻留在过滤材料上，根据相应分析方法测定出待测物质的含量。

图 8-5　滤筒

常用过滤材料：玻璃纤维滤筒、石英滤筒、刚玉滤筒、玻璃纤维滤膜、过氯乙烯滤膜、聚苯乙烯滤膜、微孔滤膜、核孔滤膜等。

8.1.2.2　现场采样技术要点

有组织废气排放监测时，采样点位布设、采样频次、时间、监测分析方法以及质量保证等均应符合《固定污染源排气中颗粒物测定与气态污染物采样方法》（GB/T 16157—1996）和《固定源废气监测技术规范》（HJ/T 397—2007）的规定。

（1）采样位置和采样点

①采样位置应避开对测试人员操作有危险的场所。

②采样位置应优先选择在垂直管段，避开烟道弯头和断面急剧变化的部位。采样位置应设置在距弯头、阀门、变径管下游方向不小于 6 倍直径处，以及距上述部件上游方向不小于 3 倍直径处。采样断面的气流速度最好在 5 m/s 以上。采样孔内径应不小于 80 mm，宜选用内径为 90～120 mm 的采样孔。

③测试现场空间位置有限，很难满足上述要求时，可选择比较适宜的管段采样，但距采样断面与弯头等的距离至少是烟道直径的 1.5 倍，并应适当增加测点的数量和采样频次。

④对于气态污染物，由于混合比较均匀，其采样位置可不受上述规定限制，但应避开涡流区。

⑤采样平台应有足够的工作面积使工作人员安全、方便地操作。监测平台长度应≥2 m、宽度≥2 m 或不小于采样枪长度外延 1 m，周围设置 1.2 m 以上的安全护栏，有牢固并符合要求的安全措施；当采样平台设置在离地面高度≥2 m 的位置时，应有通往平台的斜梯（或 Z 字梯、旋梯），宽度应≥0.9 m；当采样平台设置在离地面高度≥20 m 的位置时，应有通往平台的升降梯。

⑥颗粒物和废气流量测量时，根据采样位置尺寸进行多点分布采样测量；一般情况下排气参数（温度、含湿量、氧含量）和气态污染物在管道中心位置测定。

（2）排气参数的测定

①温度的测定：常用测定方法为热电偶法或电阻温度计法。一般情况下可在靠近烟道中心的一点测定，封闭测孔，待温度计读数稳定后读取数据。

②含湿量的测定：常用测定方法为干湿球法。在靠近烟道中心的一点测定，封闭测孔，使气体在一定的速度下流经干球、湿球温度计，根据干球、湿球温度计的读数和测点处排气的压力，计算出排气的水分含量。

③氧含量的测定：常用测定方法为电化学法或氧化锆氧分仪法。在靠近烟道中心的一点测定，封闭测孔，待氧含量读数稳定后读取数据。

④流速、流量的测定：常用测定方法为皮托管法。根据测得的某点处的动压、静压及温度、断面截面积等参数计算出排气流速和流量。

（3）采样频次和采样时间

采样频次和采样时间确定的主要依据有：相关标准和规范的规定和要求；实施监测的目的和要求；被测污染源污染物排放特点、排放方式及排放规律，生产设施和治理设施的运行状况；被测污染源污染物排放浓度的高低和所采用的监测分析方法的检出限。

具体要求如下：

①相关标准中对采样频次和采样时间有规定的，按相关标准的规定执行。

②相关标准中没有明确规定的，排气筒中废气的采样以连续 1 小时的采样获取平均值，或在 1 小时内，以等时间间隔采集 3～4 个样品，并计算平均值。

③特殊情况下，若某排气筒的排放为间断性排放，排放时间小于 1 小时，应在排放时段内实行连续采样，或在排放时段内等时间间隔采集 2～4 个样品，并计算平均值；若某排气筒的排放为间断性排放，排放时间大于 1 小时，则应在排放时段内按②的要求采样。

（4）监测分析方法选择

监测分析方法选择时，应遵循以下原则：

①监测分析方法的选用应充分考虑相关排放标准的规定、被测污染源排放特

点、污染物排放浓度的高低、所采用监测分析方法的检出限和干扰等因素。

②相关排放标准中有监测分析方法的规定时，应采用标准中规定的方法。

③对相关排放标准未规定监测分析方法的污染物项目，应选用国家环境保护标准、环境保护行业标准规定的方法。

④在某些项目的监测中，尚无方法标准的，可采用国际标准化组织（ISO）或其他国家的等效方法标准，但应经过验证合格，其检出限、准确度和精密度应能达到质控要求。

（5）质量保证要求

①属于国家强制检定目录内的工作计量器具，必须按期送计量部门检定，检定合格，取得检定证书后方可用于监测工作。

②排气温度、含氧量、含湿量、流速、烟气、烟尘等监测指标的测定仪器应根据要求定期校准，对一些仪器使用的电化学传感器应根据使用情况及时更换。

③采样系统采样前应进行气密性检查，防止系统漏气。检查采样嘴、皮托管等是否变形或损坏。

④滤筒、滤料等外观无裂纹、空隙或破损，无挂毛或碎屑，能耐受一定的高温和机械强度。采样管、连接管、滤筒、滤料等不被腐蚀、不与待测组分发生化学反应。

⑤样品采集后注意样品的保存要求，应尽快送实验室分析。

8.1.3　指标测定

各监测指标除遵循 8.1.1 监测方式和 8.1.2 现场采样的相关要求外，还应遵循各自的具体要求。根据陆上石油天然气开采工业涉及的有组织废气监测指标，实验室常见分析方法、所需设备见表 8-1。企业开展自行监测时，所采用的方法和使用的设备不限于表 8-1 中所列内容，若有其他适用的方法，也可以使用，但须按照《总则》及相关要求开展方法的验证。

表 8-1 有组织废气中监测指标、标准方法及所需设备

监测项目	标准方法	所需设备
二氧化硫	《固定污染源废气 二氧化硫的测定 定电位电解法》（HJ 57—2017）	定点位电解法二氧化硫测定仪，组成包括分析仪、采样管、导气管、除湿装置、便携式打印机等；标准气体钢瓶；集气袋；一般实验室常用仪器
	《固定污染源废气 二氧化硫的测定 非分散红外吸收法》（HJ 629—2011）	非分散红外法二氧化硫分析仪，对二氧化碳、一氧化碳、水、一氧化氮、一氧化硫分散气体分析仪或带非分散红外法二氧化氮等组分的多组分分析仪，对二氧化碳、一氧化碳、水、一氧化氮、一氧化硫氨等杂质的干扰误差应小于满量程的±2%，精确度±1%（满量程）；采样管及样气处理器；一般实验室常用仪器
	《固定污染源烟气（二氧化硫和氮氧化物）便携式紫外吸收法测量仪器技术要求及检测方法》（HJ 1045—2019）	便携式紫外吸收法测量仪器；一般实验室常用仪器
	《固定污染源排气中二氧化硫的测定 碘量法》（HJ/T 56—2000）	烟气采样器；多孔玻板吸收管；标色酸式滴定管；大气压力计；烟尘测试仪或能测定管道气参数的其他测试仪；一般实验室常用仪器
	《固定污染源废气 二氧化硫的测定 便携式紫外吸收法》（HJ 1131—2020）	紫外吸收法二氧化硫测定仪由分析仪（含光源、吸收池、检测器、控制单元等）、气体流量计、抽气泵、采样管、导气管、除湿装置、打印机等组成
	《固定污染源废气 气态污染物（SO_2、NO、NO_2、CO、CO_2）的测定 便携式傅里叶变换红外光谱法》（HJ 1240—2021）	傅里叶变换红外气体分析系统一般由采样单元、预处理装置、分析仪和数据处理单元等部分组成。其中，采样单元包括采样单元，预处理装置（含颗粒物过滤器，具备加热和保温功能）、导气管、抽气泵等；预处理装置可选用加热温度≥180℃的恒温加热装置；分析仪由红外光源、干涉仪、样品室及检测器等组成；数据处理单元包括计算机、分析软件及参考光谱等
氮氧化物	《固定污染源废气 氮氧化物的测定 定电位电解法》（HJ 693—2014）	定点位电解法氮氧化物测定仪，组成包括分析仪、采样管、导气管、除湿装置、便携式打印机等；标准气体钢瓶；集气袋；一般实验室常用仪器

监测项目	标准方法	所需设备
氮氧化物	《固定污染源废气 氮氧化物的测定 非分散红外吸收法》（HJ 692—2014）	便携式紫外吸收法测量仪器；一般实验室常用仪器
	《固定污染源烟气（二氧化硫和氮氧化物）（便携式）紫外吸收法测量仪器技术要求及检测方法》（HJ 1045—2019）	定点位电解法氮氧化物测定仪；标准气体钢瓶；气体流量计；集气袋；一般实验室常用仪器
	《固定污染源排气 氮氧化物的测定 酸碱滴定法》（HJ 675—2013）	真空采样瓶；负压表；真空抽气泵；硅橡胶管（氟橡胶管）或厚壁胶管；5~8 mm；采样瓶布套；往返振荡器；250 mL 锥形瓶；100 mL 移液管；碱式滴定管；一般实验室常用仪器
	《固定污染源排气中氮氧化物的测定 盐酸萘乙二胺分光光度法》（HJ/T 43—1999）	分光光度计；多孔玻板吸收管；双球玻璃吸收管；具塞比色管；采样器；一般实验室常用仪器
	《固定污染源排气中氮氧化物的测定 紫外分光光度法》（HJ/T 42—1999）	紫外分光光度计；采样装置；玻璃棉；一般实验室常用仪器
	《固定污染源废气 氮氧化物的测定 便携式紫外吸收法》（HJ 1132—2020）	紫外吸收法氮氧化物测定仪组成：分析仪（含光源、检测器、吸收池、控制单元等）、气体流量计、抽气泵、采样管、导气管、除湿除尘装置、打印机等
	《固定污染源废气 气态污染物（SO_2、NO、NO_2、CO、CO_2）的测定 便携式傅里叶变换红外光谱法》（HJ 1240—2021）	傅里叶变换红外气体分析系统一般由采样单元、预处理装置、分析仪和数据处理单元等部分分组成。其中，采样单元包括采样管（含颗粒物过滤器，具备加热和保温功能）、导气管、抽气泵等；预处理装置可选用加热温度≥180℃的恒温加热装置；分析仪由红外光源、干涉仪、样品室及检测器组成；数据处理单元包括计算机、分析软件及参考光谱等
颗粒物	《固定污染源排气中颗粒物测定与气态污染物采样方法》（GB/T 16157—1996）	烟尘采样管，由采样嘴、前弯管、采样管、滤筒夹、滤筒等部分分组成；流量计量箱，由冷凝水收集器、干燥器、温度计、真空压力表、流量计等部分分组成
	《固定污染源废气 低浓度颗粒物的测定 重量法》（HJ 836—2017）	废气水分含量测定装置；温度计；湿度计；恒温恒湿装置；废气温度、压力、流速测定装置；滤膜；滤膜保存盒；转子流量计；电子天平（精度为 0.01 mg）；恒温设备；烘箱；马弗炉；一般实验室常用仪器

监测项目	标准方法	所需设备
氨	《空气质量 氨的测定 离子选择电极法》(GB/T 14669—93)	氨敏感膜电极;pH 计,精确到 0.2 mV;磁力搅拌棒;大气采样器;一般实验室常用仪器
	《环境空气和废气 氨的测定 纳氏试剂分光光度法》(HJ 533—2009)	空气采样器:0~1 L/min;具塞比色管:10 mL;玻板吸收瓶或大气冲击式吸收瓶;分光光度计;聚四氟乙烯管内径 6~7 mm;干燥管;一般实验室常用仪器
林格曼黑度	《固定污染源排放 烟气黑度的测定 林格曼烟气黑度图法》(HJ/T 398—2007)	林格曼烟气黑度图;计时器;烟气黑度图支架;风向、风速测定仪
	《固定污染源废气 烟气黑度的测定 林格曼望远镜法》(HJ 1287—2023)	林格曼望远镜:望远镜视角放大率为 7~15 倍(误差计算方法见附录 A);望远镜林格曼黑度图制作于十分划板上一侧,面积占十分划板视场面积约 1/3,摄像倍率为 1.5~2.5 倍;林格曼望远镜支架:应可伸缩,便于调整观测视角;计时器:精度≤1 s;风向、风速测定仪:风向八方位或十六方位,风速分辨率≤0.1 m/s
汞及其化合物	《固定污染源废气 气态汞的测定 活性炭吸附/热裂解原子吸收分光光度法》(HJ 917—2017)	采样系统、活性炭吸附管、采样探头、温度传感器、除湿装置、采样控制器、采样泵;具有热裂解单元的测汞仪,采用原子吸收分光光度法定量分析汞;一般实验室常用仪器
	《固定污染源废气 汞的测定 冷原子吸收分光光度法(暂行)》(HJ 543—2009)	烟气采样器:0.1~1 L/min;大型气泡吸收管:10 mL;冷原子吸收测汞仪;汞反应瓶:250 mL 玻璃干燥塔,内填充碘-活性炭;一般实验室常用仪器
非甲烷总烃	《固定污染源废气 总烃、甲烷和非甲烷总烃的测定 气相色谱法》(HJ 38—2017)	采样容器;采样装置;样品保存箱;气相色谱仪;一般实验室常用仪器
	《环境空气和废气 总烃、甲烷和非甲烷总烃便携式监测仪技术要求及检测方法》(HJ 1012—2018)	便携式总烃、甲烷和非甲烷总烃监测仪;一般实验室常用仪器
硫化氢	《空气质量 硫化氢、甲硫醇、甲硫醚和二甲二硫的测定 气相色谱法》(GB/T 14678—93)	气相色谱仪;采样装置;浓缩装置;解吸装置;一般实验室常用仪器

8.1.3.1 二氧化硫

（1）常用方法

二氧化硫（SO$_2$）是有组织废气排放的主要常规污染物之一，目前主要的监测方法有定电位电解法、非分散红外吸收法、紫外吸收法、傅里叶变换红外吸收法 4 种现场测试方法，标准监测方法见表 8-2。

表 8-2　常用二氧化硫监测标准方法

序号	标准方法	原理及特点
1	《固定污染源废气　二氧化硫的测定　定电位电解法》（HJ 57—2017）	（1）废气被抽入主要由电解槽、电解液和电极组成的传感器中，二氧化硫通过渗透膜扩散到电极表面，发生氧化反应，产生的极限电流大小与二氧化硫浓度成正比。 （2）需要配备除湿性能好的预处理器，去除水分对监测的影响。 （3）测定时，易受一氧化碳干扰
2	《固定污染源废气　二氧化硫的测定　非分散红外吸收法》（HJ 629—2011）	（1）二氧化硫气体在 6.82～9 μm 红外光谱波长具有选择性吸收。一束恒定波长为 7.3 μm 的红外光通过二氧化硫气体时，其光通量的衰减与二氧化硫的浓度符合朗伯-比尔定律定量。 （2）需要配备除湿性能好的预处理器，以消除或减少排出水分对监测结果的影响
3	《固定污染源废气　二氧化硫的测定　便携式紫外吸收法》（HJ 1131—2020）	（1）二氧化硫对紫外光区内 190～230 nm 或 280～320 nm 特征波长光具有选择性吸收。根据朗伯-比尔定律定量测定废气中二氧化硫的浓度。 （2）需要配备除湿性能好的预处理器，以消除或减少排出水分对监测结果的影响。 （3）应通过高效过滤除尘等方法消除或减少废气中颗粒物对仪器的污染
4	《固定污染源废气　气态污染物（SO$_2$、NO、NO$_2$、CO、CO$_2$）的测定　便携式傅里叶变换红外光谱法》（HJ 1240—2021）	（1）在一定条件下，红外吸收光谱中目标化合物的特征吸收峰强度与其浓度遵循朗伯-比尔定律，根据吸收峰强度可对目标化合物进行定量分析。 （2）需要配备除湿性能好的预处理器，以消除或减少排出水分对监测结果的影响。 （3）应通过高效过滤除尘等方法消除或减少废气中颗粒物对仪器的污染

（2）注意事项

①水分对二氧化硫测定影响较大。废气中的高含水量和水蒸气不仅会对测定结果造成负干扰，还会对仪器检测器/检测室造成损坏和污染，因此监测时，特别是在废气含湿量较高的情况下，应使用除湿性能较好的预处理设备，及时排空除湿装置的冷凝水，防止影响测定结果。

②对定电位电解法而言，一氧化碳对二氧化硫监测会存在一定程度的干扰。监测仪器应具有一氧化碳测试功能，当一氧化碳浓度高于 50 μmol/mol 时，应根据《固定污染源废气　二氧化硫的测定　定电位电解法》（HJ 57—2017）附录 A 进行一氧化碳干扰试验，确定仪器的适用范围，根据一氧化碳、二氧化硫浓度是否超出了干扰试验允许的范围，从而对二氧化硫数据是否有效进行判定。

③监测结果一般应在校准量程的 20%～100%，特别是应注意不能超过校准量程，因此监测活动正式开展前，应根据历史监测资料，预判二氧化硫可能的浓度范围，从而选择合适的标准气体进行校准，确定校准量程。

④监测活动开展全过程中，仪器不得关机。

⑤定电位电解法仪器测定二氧化硫的传感器更换后，应重新开展干扰试验。对于未开展一氧化碳干扰试验的定电位电解法仪器，有组织废气监测过程中，一氧化碳浓度高于 50 μmol/mol 时同步测得的二氧化硫数据，应作为无效数据予以剔除。

⑥当监测点位负压过大时，容易导致仪器无法正常采集烟气，影响测试结果准确性。应选择抗负压能力大于烟道负压的仪器或将负压烟道气引出到平衡装置内等手段消除影响，然后进行测定。测定过程中做好随时监控。

8.1.3.2　氮氧化物

（1）常用方法

有组织废气中的氮氧化物（NO_x）包括以一氧化氮（NO）和二氧化氮（NO_2）两种形式存在的氮氧化物，因此对有组织废气中氮氧化物（NO_x）监测的实际上是通过对一氧化氮（NO）和二氧化氮（NO$_2$）的监测实现的。

表 8-3 中给出了有组织废气中氮氧化物监测标准方法的原理及特点。

表 8-3　常用氮氧化物监测标准方法

序号	标准方法	原理及特点
1	《固定污染源废气　氮氧化物的测定　定电位电解法》（HJ 693—2014）	（1）废气被抽入主要由电解槽、电解液和电极组成的传感器中，一氧化氮或二氧化氮通过渗透膜扩散到电极表面，发生氧化还原反应，产生的极限电流大小与一氧化氮或二氧化氮浓度成正比。 （2）两个不同的传感器分别测定一氧化氮（结果以 NO$_2$ 计）和二氧化氮，两者测定之和为氮氧化物（以 NO$_2$ 计）
2	《固定污染源废气　氮氧化物的测定　非分散红外吸收法》（HJ 692—2014）	（1）利用 NO 对红外光谱区，特别是 5.3 μm 波长光的选择性吸收，由朗伯-比尔定律定量 NO 和废气中 NO$_2$ 通过转换器还原为 NO 后的浓度。 （2）一般先将废气通入转换器，将废气中的二氧化氮还原为一氧化氮，再将废气通入非分散红外吸收法仪器进行监测，此时，由二氧化氮转化形成的一氧化氮，将和废气中原有的一氧化氮一起经过分析测试，测得结果为总的氮氧化物（以 NO$_2$ 计）
3	《固定污染源废气　氮氧化物的测定　便携式紫外吸收法》（HJ 1132—2020）	（1）一氧化氮对紫外光区内 200～235 nm 特征波长光，二氧化氮对紫外光区内 220～250 nm 或 350～500 nm 特征波长光具有选择性吸收。根据朗伯-比尔定律定量测定废气中一氧化氮和二氧化氮的浓度。 （2）需要配备除湿性能好的预处理器，以消除或减少排出水分对监测结果的影响。 （3）应通过高效过滤除尘等方法消除或减少废气中颗粒物对仪器的污染
4	《固定污染源废气　气态污染物（SO$_2$、NO、NO$_2$、CO、CO$_2$）的测定　便携式傅里叶变换红外光谱法》（HJ 1240—2021）	（1）在一定条件下，红外吸收光谱中目标化合物的特征吸收峰强度与其浓度遵循朗伯-比尔定律，根据吸收峰强度可对目标化合物进行定量分析。 （2）需要配备除湿性能好的预处理器，以消除或减少排出水分对监测结果的影响。 （3）应通过高效过滤除尘等方法消除或减少废气中颗粒物对仪器的污染

从表 8-3 中可以看出，常用的有组织废气中氮氧化物（NO$_x$）监测方法主要包括定电位电解法、非分散红外吸收法、紫外吸收法、傅里叶变换红外吸收法 4 种现场测试方法，这 4 种方法实现氮氧化物测定的过程方式有所不同，但最终监测结果均以 NO$_2$ 计。

（2）注意事项

①测定结果一般应在校准量程的 20%～100%，特别是应注意不能超过校准量程。

②监测活动开展的全过程中，仪器不得关机。

③非分散红外吸收法测定氮氧化物时，应注意至少每半年做一次 NO$_2$ 的转化效率的测定，转化效率不能低于 85%，否则应更换还原剂；监测活动中，进入转换器 NO$_2$ 浓度不要大于 200 μmol/mol。

④当监测点位负压过大时，容易导致仪器无法正常采集烟气，影响测试结果的准确性。应选择抗负压能力大于烟道负压的仪器或将负压烟道气引出到平衡装置内等手段消除影响，然后进行测定。测定过程中做好随时监控。

8.1.3.3　颗粒物

（1）常用方法

颗粒物的监测一般使用重量法，采用现场采样+实验室分析的监测方式，利用等速采样原理，抽取一定量的含颗粒物的废气，根据所捕集到的颗粒物质量和同时抽取的废气体积，计算出废气中颗粒物的浓度。

目前颗粒物监测方法标准主要有《固定污染源排气中颗粒物测定与气态污染物采样方法》（GB/T 16157—1996）及修改单和《固定污染源废气　低浓度颗粒物的测定　重量法》（HJ 836—2017）。根据原环境保护部的相关规定，在测定有组织废气中颗粒物浓度时，应遵循表 8-4 中的规定选择合适的监测方法标准。

表 8-4 常用颗粒物监测标准方法的适用范围

序号	废气中颗粒物浓度范围	适用的标准方法
1	≤20 mg/m³	《固定污染源废气 低浓度颗粒物的测定 重量法》（HJ 836—2017）
2	>20 mg/m³ 且≤50 mg/m³	《固定污染源废气 低浓度颗粒物的测定 重量法》（HJ 836—2017）、《固定污染源排气中颗粒物测定与气态污染物采样方法》（GB/T 16157—1996）均适用
3	>50 mg/m³	《固定污染源排气中颗粒物测定与气态污染物采样方法》（GB/T 16157—1996）

依据《固定污染源排气中颗粒物测定与气态污染物采样方法》（GB/T 16157—1996）进行颗粒物监测时，仅将滤筒作为样品，进行采样前后的分析称量，依据《固定污染源废气 低浓度颗粒物的测定 重量法》（HJ 836—2017）进行低浓度颗粒物监测时，需要将装有滤膜的采样头作为样品，进行采样前后的整体称量。

（2）注意事项

①样品采集时，采样嘴应对准气流方向，与气流方向的偏差不得大于 10°；不同于气态污染物，颗粒物在排气筒监测断面（即横截面）上的分布不均匀，须多点等速采样，各点等时长采样，每个点采样时间不少于 3 min。

②应在气流平稳的工况下进行采样。采样前后，排气筒内气流流速变化不应大于 10%，否则应重新测量。

③每次开展低浓度颗粒物监测时，每批次应采集全程序空白样品。实际监测样品的增重若低于全程序空白样品的增重，则认定该实际监测样品无效，低浓度颗粒物样品采样体积为 1 m³ 时，方法检出限为 1.0 mg/m³；废气中颗粒物浓度低于方法检出限时，全程序空白样品采样前后重量之差的绝对值不得超过 0.5 mg。

④采样前后样品称重环境条件应保持一致。低浓度颗粒物样品称重使用的恒温恒湿设备的温度控制在 15～30℃任意一点，控温精度为±1℃；相对湿度应保持在（50±5）% RH 内。

8.1.3.4　非甲烷总烃

（1）常用方法

对废气中非甲烷总烃排放监测时，主要依据《固定污染源废气　总烃、甲烷和非甲烷总烃的测定　气相色谱法》（HJ 38—2017）、《固定污染源废气　总烃、甲烷和非甲烷总烃的测定　便携式催化氧化-氢火焰离子化检测器法》（HJ 1331—2023）和《固定污染源废气　总烃、甲烷和非甲烷总烃的测定　便携式气相色谱-氢火焰离子化检测器法》（HJ 1332—2023）。

HJ 38 采用气袋或玻璃注射器进行现场采集样品，之后送实验室将气体样品直接注入具氢火焰离子化检测器的气相色谱仪，分别在总烃柱和甲烷柱上测定总烃和甲烷的含量，两者之差即非甲烷总烃的含量。同时以除烃空气代替样品，测定氧在总烃柱上的响应值，以排除样品中的氧对总烃测定的干扰。

HJ 1331 规定了使用便携式催化氧化-氢火焰离子化检测器法测定固定污染源有组织排放废气中总烃、甲烷和非甲烷总烃的方法。这种方法通过催化氧化将被测组分转化为可被氢火焰离子化检测器检测的形式，从而实现对总烃、甲烷和非甲烷总烃的测定。检出限和测定下限分别为 0.4 mg/m^3 和 1.6 mg/m^3。

HJ 1332 规定了使用便携式气相色谱-氢火焰离子化检测器法测定固定污染源有组织排放废气中总烃、甲烷和非甲烷总烃的方法。这种方法利用气相色谱技术分离废气中的不同组分，然后通过氢火焰离子化检测器对分离后的组分进行检测。检出限和测定下限分别为 0.2 mg/m^3 和 0.8 mg/m^3。

HJ 1331 和 HJ 1332 适用于固定污染源废气中相关污染物的测定，具有自动化程度高、抗干扰能力强等优点，可用于现场快速监测，支撑相关污染物排放标准实施与新污染物治理等工作。

（2）注意事项

①用气袋采样时，连接采样装置，开启加热采样管电源，将采样管加热并保持在（120±5）℃（有防爆安全要求的除外），气袋须用样品气至少清洗 3 次，结

束采样后样品应立即放入样品保存箱内保存，直至样品分析时取出。用玻璃注射器采样时，除遵循上述规定外，采集样品的玻璃注射器用惰性密封头密封。

②样品采集时应采集全程序空白，将注入除烃空气的采样容器带至采样现场，与同批次采集的样品一起送回实验室分析。

③采集样品的玻璃注射器应小心轻放，防止破损，保持针头端向下状态放入样品保存箱内保存和运送。样品常温避光保存，采样后尽快完成分析。玻璃注射器保存的样品，放置时间不应超过 8 小时；气袋保存的样品，放置时间不应超过 48 小时，如仅测定甲烷，应在 7 天内完成分析。

④分析高沸点组分样品后，可通过提高柱温等方式去除分析系统残留的影响，并通过分析除烃空气予以确认。

⑤便携式非甲烷总烃测定仪器应在适当的环境温度、湿度、防爆等条件下使用。测定前，应检查采样气路，并清洁颗粒物过滤装置，必要时更换滤料。样品测定前后，应核查总烃和甲烷的示值误差、系统偏差，并填写样品测定前后仪器性能核查记录表。全部样品测定后，用零点气清洗仪器，使仪器示值回到零点附近并保持稳定。每年至少用丙烷标准气体验证一次催化氧化单元的转化效率，按照 HJ 1012 中的相关要求检测，结果应不低于 95%，否则应更换或补充催化剂。

8.1.3.5　氨

（1）常用方法

废气中氨排放监测时，主要依据《环境空气和废气　氨的测定　纳氏试剂分光光度法》（HJ 533—2009）和《固定污染源废气　氨和氯化氢的测定　便携式傅里叶变换红外光谱法》（HJ 1330—2023）。HJ 533 采用气泡吸收管+小流量采样器进行现场吸收液采集样品，之后送实验室采用纳氏试剂分光光度法进行分析测定。HJ 1330 使用便携式傅里叶变换红外光谱法测定氨气，其在红外光区 900～1 350 cm^{-1} 的特征波数的光具有选择性吸收。

（2）注意事项

①当烟道气的温度明显高于环境温度时，应对采样管线加热，防止烟气在采样管线中结露。

②开启采样泵前，确认采样系统的连接正确，采样泵的进气口端通过干燥管（或缓冲管）与采样管的出气口相连，如果接反会导致酸性吸收液倒吸，污染和损坏仪器。万一出现倒吸的情况，应及时将流量计拆下来，用酒精清洗、干燥，并重新安装，经流量校准合格后方可继续使用。

③为避免采样管中的吸收液被污染，运输和贮存过程中勿将采样管倾斜或倒置，并及时更换采样管的密封接头。

④采样时，应带采样全程空白吸收管。采样后应尽快分析，以防止吸收空气中的氨。

⑤样品中含有三价铁等金属离子、硫化物和有机物时，应注意消除干扰。

⑥便携式傅里叶变换红外光谱仪使用过程中应保证分析仪的光源强度、干涉图性能及样品室温度等各项参数满足仪器使用说明书及测定要求，并在仪器使用说明书规定的环境条件下使用。使用前应检查颗粒物过滤器，若有沾污，应及时清洁或更换滤芯，防止阻塞气路。测定后应立即用零点气充分清洗采样装置、管路和样品室，确保仪器示值回到零点附近并保持稳定。

8.1.3.6　硫化氢

（1）常用方法

废气中硫化氢排放监测时，主要依据《空气质量　硫化氢、甲硫醇、甲硫醚和二甲二硫的测定　气相色谱法》（GB/T 14678—93）。利用真空瓶（管）或气袋用抽气泵采集样品后，送回实验室利用气相色谱法进行分析。

（2）注意事项

①采样时拔出真空瓶一侧的硅橡胶塞，使瓶内充入样品气体至常压，随即以硅橡胶塞塞住入气孔，将瓶避光运回实验室，样品需在 24 小时内进行分析。

②硫化氢属于有毒物质，对试剂、标准样品的使用和保管要绝对注意安全。硫化氢原试剂的存放温度要低于–20℃。

③采样瓶使用前要认真检查有无破损迹象，以免炸裂，要保证真空处理后和采样后采样瓶携带过程中的安全，防止密封塞不严或脱落。

④加工的浓缩管连入系统后必须无漏气现象，后部硅橡胶塞与管必须紧密结合，防止因管内压力上升导致塞脱出。

8.1.3.7 汞及其化合物

（1）常用方法

废气中汞排放监测时，主要依据《固定污染源废气　汞的测定　冷原子吸收分光光度法（暂行）》（HJ 543—2009），采用气泡吸收管+烟气采样器进行现场吸收液采集样品，之后送实验室采用冷原子吸收分光光度法分析测定，或依据《固定污染源废气　气态汞的测定　活性炭吸附/热裂解原子吸收分光光度法》（HJ 917—2017），采用活性炭吸附管+采样泵现场采集样品，之后送实验室采用直接热裂解原子吸收分光光度法进行分析测定。

（2）注意事项

①按照《固定污染源废气　汞的测定　冷原子吸收分光光度法（暂行）》（HJ 543—2009）方法监测。

a. 由于橡皮管对汞有吸附作用，采样管与吸收管之间应采用聚乙烯管连接，接口处聚四氟乙烯生料带密封。

b. 当汞浓度较高时，可采用大型冲击式吸收采样瓶。全部玻璃器皿在使用前要用10%硝酸溶液浸泡过液或用（1+1）硝酸溶液浸泡40 min，以除去器壁上吸附的汞。

c. 测定样品前必须做试剂空白试验，空白值不超过0.005 μg汞。

d. 采样结束后，封闭吸收管进出气口，置于样品箱内运输，并注意避光，样品采集后应尽快分析。若不能及时测定，应置于冰箱内0～4℃保存，5天内测定。

②按照《固定污染源废气　气态汞的测定　活性炭吸附/热裂解原子吸收分光

光度法》（HJ 917—2017）方法监测。

a. SO_2、NO_x 会抑制活性炭对汞的捕获，在吸附管前端加碳酸盐类化合物可去除酸性气体的干扰。

b. 吸附管必须安装在探头内，以便烟气直接进入吸附管内，确保探头和吸附管之间无泄漏。

c. 采样时，流量须控制在规定范围内，流量过高易导致活性炭的穿透。

d. 采样过程中，颗粒物可能导致采样管堵塞而影响采样工作正常进行，以较小流量、较长时间的采样，获得足够量的待测污染物。

8.1.3.8　林格曼黑度

（1）《固定污染源排放　烟气黑度的测定　林格曼烟气黑度图法》（HJ/T 398—2007）

注意事项：

①观测者与烟囱的距离应足以保证对烟气排放情况清晰的观察。观察者的视线应尽量与烟气飘动的方向垂直，观察排气的仰视角尽可能低，应尽量避免在过于陡峭的角度下观察，观察烟气宜在比较均匀的天空照明下进行。

②应使用符合规范要求的林格曼烟气黑度图，并注意保持图面整洁、不被污损或褪色。

③图片面向观测者，尽可能使图位于观测者至烟囱顶部的连线上，并使图与烟气有相似的天空背景。图距观测者应有足够的距离，以使图上的线条看起来融合在一起，从而使每个方块有均匀的黑度。

④观察烟气的部位应选择在烟气黑度最大的地方，该部位应没有冷凝水蒸气存在。

（2）《固定污染源废气　烟气黑度的测定　林格曼望远镜法》（HJ 1287—2023）

注意事项：

①利用林格曼望远镜观测烟气黑度时，避免望远镜林格曼黑度图和烟羽重叠。

②观测混有冷凝水蒸气的烟气，当烟囱出口处的烟气中有可见的冷凝水蒸气存在时，可选择在离开烟囱口一段距离看不到水汽的部位或烟羽颜色最深的部位观测；当烟气在离开烟囱出口的一段距离后产生冷凝水蒸气，此时选择在烟囱口附近尚未形成冷凝水蒸气的部位观测。

③观测烟气黑度时，为避免视觉疲劳，观测人员每记录一个数据，需要将视线移出观测区，休息几秒后观测并记录下一个数据。

④林格曼望远镜属精密光学仪器，注意保护镜片表面不被沾污、擦伤，应定期维护保养，妥善保管。

8.2 无组织废气监测

8.2.1 监测方式

无组织废气监测是指排污单位对没有经过排气筒无规则排放的废气，或者废气虽经排气筒排放，但排气筒高度没有达到有组织排放要求的低矮排气筒排放的废气污染物浓度进行监测。

无组织废气排放监测的主要方式为现场采样+实验室分析，与有组织废气的方式相同，是指采用特定仪器采集一定量的无组织废气并妥善保存带回实验室进行分析。主要采样方式包括现场直接采样法（注射器、气袋、采样管、真空瓶等）和富集（浓缩）采样法（活性炭吸附、滤筒、滤膜捕集、吸收液吸收等），主要分析方法包括重量法、色谱法、质谱法、分光光度法等。

8.2.2 现场采样

8.2.2.1 现场采样技术要点

无组织废气排放监测的主要参考标准为《大气污染物无组织排放监测技术导

则》（HJ/T 55—2000）、《大气污染物综合排放标准》（GB 16297—1996）以及排污单位具体执行的行业标准。

（1）控制无组织排放的基本方式

按照《大气污染物综合排放标准》（GB 16297—1996）的规定，我国以控制无组织排放所造成的后果来对无组织排放实行监督和限制。采用的基本方式是规定设立监控点（即监测点）和规定监控点的污染物浓度限值。

在设置监测点时，有的污染物要求除在下风向设置监控点外，还要在上风向设置对照点，监控浓度限值为监控点与参照点的浓度差值。有的污染物要求只在周界外浓度最高点设置监控点。

（2）设置监控点的位置和数目

根据《大气污染物综合排放标准》（GB 16297—1996）的规定，监控点设在无组织排放源下风向 2～50 m 的浓度最高点，相对应的参照点设在排放源上风向 2～50 m 内；其余物质的监控点设在单位周界外 10 m 范围内的浓度最高点。按规定监控点最多可设 4 个，参照点只设 1 个。

（3）监控点布设方法

根据《大气污染物综合排放标准》（GB 16297—1996）的规定，监控点布设方法有两种。

①在排放源上、下风向分别设置参照点和监控点的方法：对于 1997 年 1 月 1 日之前设立的污染源，监测二氧化硫、氮氧化物、颗粒物和氟化物污染物无组织排放时，在排放源的上风向设参照点、下风向设监控点，监控点设于排放源下风向的浓度最高点，不受单位周界的限制。

②在单位周界外设置监控点的方法：对于 1997 年 1 月 1 日之后设立的污染源，监测其污染物无组织排放时，监控点设置在单位周界外污染物浓度最高点处，监控点设置方法参照《大气污染物无组织排放监测技术导则》中的 9.1。对于 1997 年 1 月 1 日之前设立的污染源，监测除二氧化硫、氮氧化物、颗粒物和氟化物之外的污染物无组织排放时，也采用此方法布设监控点。

设置参照点的原则要求：参照点应不受或尽可能少受被测无组织排放源的影响，参照点要力求避开其近处的其他无组织排放源和有组织排放源的影响，尤其要注意避开那些可能对参照点造成明显影响而同时对监控点无明显影响的排放源；参照点的设置，要以能够代表监控点的污染物本底浓度为原则。具体设置方法参见《大气污染物无组织排放监测技术导则》中的9.2.1。

设置监控点的原则要求：监控点应设置于无组织排放下风向，距排放源 2～50 m 内的浓度最高点。设置监控点不需要回避其他源的影响。具体设置方法参见《大气污染物无组织排放监测技术导则》中的9.2.2。

③复杂情况下的监控点设置：在特别复杂的情况下，不可能单独运用上述各点的内容来设置监控点，需对情况做仔细分析，综合运用《大气污染物综合排放标准》和《大气污染物无组织排放监测技术导则》的有关条款设置监控点。同时，也不可能对污染物的运动和分布做确切的描述并得出确切的结论，此时监测人员应尽可能利用现场可利用的条件，如利用无组织排放废气的颜色、嗅味、烟雾分布、地形特点等，甚至采用人造烟源或其他情况，借以分析污染物的运动和可能的浓度最高点，并据此设置监控点。

（4）采样频次的要求

按照《大气污染物无组织排放监测技术导则》（HJ/T 55—2000）的规定对无组织排放进行监测时，实行连续 1 小时的采样，或者实行在 1 小时内以等时间间隔采集 4 个样品计平均值。在进行实际监测时，为了捕捉到监控点最高浓度的时段，实际安排的采样时间可超过 1 小时。

（5）工况的要求

由于大气污染物排放标准对无组织排放实行限制的原则是在最大负荷下生产和排放，以及在最不利于污染物扩散稀释的条件下，无组织排放监控值不应超过排放标准所规定的限值，因此，监测人员应在不违反上述原则的前提下，选择尽可能高的生产负荷及不利于污染物扩散稀释的条件进行监测。

针对以上基本要求，如果排污单位执行的行业排放标准中对无组织排放有明确要求的，按照行业标准执行。

8.2.2.2　监测前准备工作

（1）单位基本情况调查

①主要原、辅材料和主、副产品，相应用量和产量、来源及运输方式等，重点了解用量大和可产生大气污染的材料和产品，列表说明，并予以必要的注释。

②注意车间和其他主要建筑物的位置和尺寸，有组织排放口和无组织排放口位置及其主要参数，排放污染物的种类和排放速率；单位周界围墙的高度和性质（封闭式或通风式）；单位区域内的主要地形变化等。对单位周界外的主要环境敏感点（影响气流运动的建筑物和地形分布、有无排放被测污染物的污染源存在）进行调查，并标于单位平面布置图中。

③了解环境保护影响评价、工程建设设计、实际建设的污染治理设施的种类、原理、设计参数、数量以及目前的运行情况等。

（2）无组织排放源基本情况调查

除调查排放污染物的种类和排放速率（估计值）之外，还应重点调查被监测无组织排放源的形状、尺寸、高度及其所处建筑群的具体位置等。

（3）仪器设备准备

按照被测物质的对应标准分析方法中有关无组织排放监测的采样部分所规定的仪器设备和试剂做好准备。所用仪器应通过计量监督部门的性能检定合格，并在使用前做必要调试和检查。采样时应注意检查电路系统、气路部分、校正流量计。

（4）监测条件

监测时，被测无组织排放源的排放负荷应处于相对较高，或者处于正常生产和排放状态。主导风向（平均风速）利于监控点的设置，并可使监控点和被测无组织排放源之间的距离尽可能缩小。通常选择冬季微风的日期，避开阳光辐射较强烈的中午时段进行监测是比较适宜的。

8.2.3　指标测定

各监测指标除遵循本书 8.2.1 监测方式和 8.2.2 现场采样的相关要求外，还应遵循各自的具体要求。根据陆上石油天然气开采工业涉及的无组织废气监测指标，实验室常见分析方法、所需设备见表 8-5。企业开展自行监测时，所采用的方法和使用的设备不限于表 8-5 中所列内容，若有其他适用的方法，也可以使用，但须按照《总则》及相关要求开展方法的验证。

表 8-5　无组织废气中监测指标、标准方法及所需设备

监测项目	标准方法	所需设备
非甲烷总烃	《环境空气和废气　总烃、甲烷和非甲烷总烃便携式监测仪技术要求及检测方法》（HJ 1012—2018）	便携式总烃、甲烷和非甲烷总烃监测仪；一般实验室常用仪器
	环境空气　总烃、甲烷和非甲烷总烃的测定　直接进样-气相色谱法》（HJ 604—2017）	采样容器；真空气体采样箱；样品保存箱；气相色谱仪；一般实验室常用仪器
硫化氢	《空气质量　硫化氢、甲硫醇、甲硫醚和二甲二硫的测定　气相色谱法》（GB/T 14678—93）	气相色谱仪；采样装置；浓缩装置；解吸装置；一般实验室常用仪器
挥发性有机物泄漏检测	《泄漏和敞开液面排放的挥发性有机物检测技术导则》（HJ 733—2014）	便携式挥发性有机物检测仪；红外热成像仪；傅里叶红外成像光谱仪；泄漏超声探测仪；一般实验室常用仪器
	《工业企业挥发性有机物泄漏检测与修复技术指南》（HJ 1230—2021）	氢火焰离子化检测仪、零气、高纯氢气；气相仪

8.2.3.1　非甲烷总烃

（1）常用方法

非甲烷总烃无组织排放监测时，主要依据《环境空气　总烃、甲烷和非甲烷总烃的测定　直接进样-气相色谱法》（HJ 604—2017）。采用气袋或玻璃注射器进行现场采集样品，之后送回实验室用气相色谱法进行分析测定。

（2）注意事项

①采样容器经现场空气至少清洗 3 次后采样。以玻璃注射器满刻度采集空气样品的，用惰性密封头密封；以气袋采集样品的，用真空气体采样箱将空气样品引入气袋，至最大体积的 80% 左右，立即密封。将注入除烃空气的采样容器带至采样现场，与同批次采集的样品一起送回实验室进行分析。

②采集样品的玻璃注射器应小心轻放，防止破损，保持针头端向下状态放入样品箱内保存和运送。样品应常温避光保存，采样后尽快分析。玻璃注射器保存的样品，放置时间不应超过 8 小时；气袋保存的样品，放置时间不应超过 48 小时。

③采样容器使用前应充分洗净，经气密性检查合格，置于密闭采样箱中以避免污染。样品返回实验室时，应平衡至环境温度后再进行测定。测定复杂样品后，如发现分析系统内有残留，可通过提高柱温等方式去除，以分析除烃空气确认。

8.2.3.2　硫化氢

（1）常用方法

硫化氢无组织排放监测时，主要依据《空气质量　硫化氢、甲硫醇、甲硫醚和二甲二硫的测定　气相色谱法》（GB/T 14678—93）。标准适用于恶臭污染源排气和环境空气中硫化氢、甲硫醇、甲硫醚和二甲二硫的同时测定。气相色谱仪的火焰光度检测器（GC-FPD）对四种成分的检出限为 $0.2 \times 10^{-9} \sim 1.0 \times 10^{-9}$ g，当气体样品中 4 种成分浓度高于 1.0 mg/m^3 时，可取 $1 \sim 2$ mL 气体样品直接注入气相色谱仪分析。对 1 L 气体样品进行浓缩，4 种成分的方法检出限分别为 $0.2 \times 10^{-3} \sim 1.0 \times 10^{-3}$ mg/m^3。

（2）注意事项

①实验中使用的苯、二硫化碳、硫化氢属有毒物质，易损伤神经系统，其他所用试剂亦均属易燃、发味较大的物质，对试剂、标准样品的使用和保管要绝对注意安全。

②实验中使用的液态氧必须用专用容器存放，操作中要严格避免液氧溅出，

确保操作人员安全。

③采样瓶使用前要认真检查有无破损迹象，以免炸裂。

8.2.3.3 泄漏检测

（1）常用方法

挥发性有机物无组织排放监测时，主要依据《泄漏和敞开液面排放的挥发性有机物检测技术导则》（HJ 733—2014）及《工业企业挥发性有机物泄漏检测与修复技术指南》（HJ 1230—2021）。主要针对设备与管线组件密封点，包括泵、压缩机、搅拌器（机）、阀门、开口阀或开口管线、泄压设备、取样连接系统、法兰及其他连接件、其他密封设备及各类敞开液面进行检测。推荐采用氢火焰离子化检测仪搭配红外热成像仪开展现场检测工作。

（2）注意事项

①使用前应核查或实验，确保检测器对待测排放源所排放的主要 VOCs 组分有响应。仪器检测器类型包括火焰离子化检测器、光离子化检测器和红外吸收检测器等，也可以是其他类型的检测器。

②仪器的量程应能满足相关控制标准中标准浓度限值的测定要求，且其分辨率应保证在排放标准中泄漏控制浓度或标准浓度限值的±2.5%范围内可读。

③配置能提供持续流量的电动采样泵。在安装用于保护仪器的玻璃棉塞或过滤器的采样探头的顶端测得的采样流量应在 0.10～3.0 L/min 范围内。

④配置采样探头，采样探头前端的外径应保证能进入各类设备狭小缝隙进行检测，一般不超过 7 mm。

⑤仪器必须具有防爆安全性并通过防爆安全检验认证。

第 9 章　废气自动监测技术要点

废气自动监测系统因其实时、自动等功能，在环境管理中发挥着越来越大的作用。如何确保废气自动监测数据能够有效应用，这就要求排污单位加强废气自动监测系统的运维和管理，使其能够稳定、良好地运行。本章基于《固定污染源烟气（SO_2、NO_x、颗粒物）排放连续监测技术规范》（HJ 75—2017）和《固定污染源烟气（SO_2、NO_x、颗粒物）排放连续监测系统技术要求及检测方法》（HJ 76—2017），对废气自动监测系统的建设、验收、运行维护应注意的技术要点进行了梳理。

9.1　废气自动监测系统组成及性能要求

9.1.1　基本概念

废气自动监测系统通常是指烟气排放连续监测系统（Continuous Emission Monitoring System，CEMS），该系统能够实现对固定污染源排放的颗粒物和（或）气态污染物的排放浓度和排放量进行连续、实时的自动监测。废气自动监测管理是指对系统中包含的所有设备进行规范安装、调试、验收、运行维护，从而实现对自动监测数据的质量保证与质量控制的技术工作。

9.1.2　CEMS 组成和功能要求

一套完整的 CEMS 主要包括颗粒物监测单元、气态污染物监测单元、烟气参数监测单元、数据采集与传输单元以及相应的建筑设施等。

（1）颗粒物监测单元：主要对排放烟气中的颗粒物浓度进行测量。

（2）气态污染物监测单元：主要对排放烟气中的 SO_2、NO_x、非甲烷总烃等气态形式存在的污染物进行监测。

（3）烟气参数监测单元：主要对排放烟气的温度、压力、湿度、含氧量等参数进行监测，用于污染物排放量的计算，以及将污染物的实测浓度折算成标准干烟气状态下或排放标准中规定的过剩空气系数下的浓度。

（4）数据采集与传输单元：主要完成测量数据的采集、存储、统计功能，并按相关标准要求的格式将数据传输到环境监管部门。

对于配有锅炉的陆上石油天然气开采排污单位，废气自动监测主要包括颗粒物、SO_2、NO_x 等主要污染物。在选择 CEMS 时，应要求具备测量烟气中颗粒物、SO_2、NO_x 浓度和烟气参数（温度、压力、流速或流量、湿度、含氧量等），同时计算出烟气中污染物的排放速率和排放量，显示（可支持打印）并记录各种数据和参数，形成相关图表，并通过数据、图文等方式传输至管理部门等功能。

对于氮氧化物监测单元，NO_2 可以直接测量，也可以通过转化炉转化为 NO 后一并测量，但不允许只监测烟气中的 NO。NO_2 转换为 NO 的效率不小于 95%。

排污单位在进行自动监控系统安装选型时，应当根据国家对每个监测设备的具体技术要求进行选型安装。选型安装在线监测仪器时，应根据污染物浓度和排放标准，选择检测范围与之匹配的在线监测仪器，监测仪器满足国家对应仪器的技术要求。如二氧化硫、氮氧化物、颗粒物应符合《固定污染源烟气（SO_2、NO_x、颗粒物）排放连续监测技术规范》（HJ 75—2017）和《固定污染源烟气（SO_2、NO_x、颗粒物）排放连续监测系统技术要求及检测方法》（HJ 76—2017）等相关规范要求。选型安装数据传输设备时，应按照《污染物在线监控（监测）系统数据传输标准》（HJ 212—2017）和《污染源在线自动监控（监测）数据采集传输仪技术要求》（HJ 477—2009）规范要求设置，不得添加其他可能干扰监测数据存储、处理、传输的软件或设备。

在污染源自动监测设备建设、联网和管理过程中，当地生态环境主管部门有相关规定的，应同时参考地方的规定要求。

9.2　CEMS 现场安装要求

CEMS 的现场安装主要涉及现场监测站房、废气排放口、自动监控点位设置及监测断面等内容。现场监测站房必须满足仪器设备功能需求且专室专用，保障供电、给排水、温湿度控制、网络传输等必需的运行条件，配备安装必要的电源、通信网络、温湿度控制、视频监视和安全防护设施；排放口应设置符合《环境保护图形标志——排放口（源）》（GB/T 15562.1—1995）要求的环境保护图形标志牌。排放口应按照生态环境部和地方生态环境主管部门的相关要求进行规范化设置；自动监控点位应尽可能选取固定污染源烟气排放状况有代表性的点位。具体要求见 5.3 节。

9.3　CEMS 技术指标调试检测

CEMS 在现场安装运行以后，在接受验收前，应对其进行技术性能指标和联网情况的调试检测。

9.3.1　CEMS 技术指标调试检测

CEMS 调试检测的技术指标包括：

（1）颗粒物 CEMS 零点漂移、量程漂移；

（2）颗粒物 CEMS 线性相关系数、置信区间、允许区间；

（3）气态污染物 CEMS 和氧气 CMS 零点漂移、量程漂移；

（4）气态污染物 CEMS 和氧气 CMS 示值误差；

（5）气态污染物 CEMS 和氧气 CMS 系统响应时间；

（6）气态污染物 CEMS 和氧气 CMS 准确度；

（7）流速 CMS 速度场系数；

（8）流速 CMS 速度场系数精密度；

（9）温度 CMS 准确度；

（10）湿度 CMS 准确度。

9.3.2　联网调试检测

安装调试完成后 15 天内，按《污染物在线监控（监测）系统数据传输标准》（HJ 212—2017）技术要求与生态环境主管部门联网。

9.4　CEMS 验收要求

技术验收包括 CEMS 技术指标验收和联网验收。

CEMS 在完成安装、调试检测并与生态环境主管部门联网后，同时符合下列要求，可组织实施技术验收工作。

（1）CEMS 的安装位置及手工采样位置符合 5.3 节相关部分内容的要求。

（2）数据采集和传输以及通信协议均符合《污染物在线监控（监测）系统数据传输标准》（HJ 212—2017）的要求，并提供一个月内数据采集和传输自检报告，报告应对数据传输标准的各项内容作出响应。

（3）根据 9.3.1 的要求进行 72 小时的调试检测，并提供调试检测合格报告及调试检测结果数据。

（4）调试检测后至少稳定运行 7 天。

9.4.1　CEMS 技术指标验收

9.4.1.1　验收要求

CEMS 技术指标验收包括颗粒物 CEMS、气态污染物 CEMS、烟气参数 CMS 技术指标验收。符合下列要求后，即可进行技术指标验收。

（1）现场验收期间，生产设备应正常且稳定运行，可通过调节固定污染源烟气净化设备达到某一排放状况，该状况在测试期间保持稳定。

（2）日常运行中更换 CEMS 分析仪表或变动 CEMS 取样点位时，应再次进行验收。

（3）现场验收时必须采用有证标准物质或标准样品，较低浓度的标准气体可以使用高浓度的标准气体采用等比例稀释方法获得，等比例稀释装置的精密度在 1%以内。标准气体要求贮存在铝或不锈钢瓶中，不确定度不超过±2%。

（4）对于光学法颗粒物 CEMS，校准时须对实际测量光路进行全光路校准，确保发射光先经过出射镜片，再经过实际测量光路，到校准镜片后，再经过入射镜片到达接收单元，不得只对激光发射器和接收器进行校准。对于抽取式气态污染物 CEMS，当对全系统进行零点校准和量程校准、示值误差和系统响应时间的检测时，零气和标准气体应通过预设管线输送至采样探头处，经由样品传输管线回到站房，经过全套预处理设施后进入气体分析仪。

（5）验收前应检查直接抽取式气态污染物采样伴热管的设置，设置的加热温度应≥120℃，并高于烟气露点温度 10℃，实际温度能够在机柜或系统软件中查询。冷干法 CEMS 冷凝器的设置和实际控制温度应保持在 2～6℃。

9.4.1.2　验收内容

颗粒物 CEMS 技术指标验收包括颗粒物的零点漂移、量程漂移和准确度验收。气态污染物 CEMS 和氧气 CMS 技术指标验收包括零点漂移、量程漂移、示值误差、系统响应时间和准确度验收。

现场验收时，先做示值误差和系统响应时间的验收测试，不符合技术要求的，可不再继续开展其余项目的验收。

通入零气和标气时，均应通过 CEMS 系统，不得直接通入气体分析仪。

示值误差、系统响应时间、零点漂移和量程漂移验收技术指标需满足表 9-1 的要求。

表 9-1　示值误差、系统响应时间、零点漂移和量程漂移验收技术要求

检测项目			技术要求
气态污染物 CEMS	二氧化硫	示值误差	当满量程≥100 μmol/mol（286 mg/m³）时，示值误差不超过±5%（相对于标准气体标称值）；当满量程<100 μmol/mol（286 mg/m³）时，示值误差不超过±2.5%（相对于仪表满量程值）
		系统响应时间	≤200 s
		零点漂移、量程漂移	不超过±2.5%
	氮氧化物	示值误差	当满量程≥200 μmol/mol（410 mg/m³）时，示值误差不超过±5%（相对于标准气体标称值）；当满量程<200 μmol/mol（410 mg/m³）时，示值误差不超过±2.5%（相对于仪表满量程值）
		系统响应时间	≤200 s
		零点漂移、量程漂移	不超过±2.5%
氧气 CMS	氧气	示值误差	±5%（相对于标准气体标称值）
		系统响应时间	≤200 s
		零点漂移、量程漂移	不超过±2.5%
颗粒物 CEMS	颗粒物	零点漂移、量程漂移	不超过±2.0%

注：氮氧化物以 NO_2 计。

准确度验收技术指标需满足表 9-2 的要求。

表 9-2　准确度验收技术要求

检测项目			技术要求
气态污染物 CEMS	二氧化硫	准确度	排放浓度≥250 μmol/mol（715 mg/m³）时，相对准确度≤15%
			50 μmol/mol（143 mg/m³）≤排放浓度<250 μmol/mol（715 mg/m³）时，绝对误差不超过±20 μmol/mol（57 mg/m³）
			20 μmol/mol（57 mg/m³）≤排放浓度<50 μmol/mol（143 mg/m³）时，相对误差不超过±30%
			排放浓度<20 μmol/mol（57 mg/m³）时，绝对误差不超过±6 μmol/mol（17 mg/m³）
	氮氧化物	准确度	排放浓度≥250 μmol/mol（513 mg/m³）时，相对准确度≤15%
			50 μmol/mol（103 mg/m³）≤排放浓度<250 μmol/mol（513 mg/m³）时，绝对误差不超过±20 μmol/mol（41 mg/m³）
			20 μmol/mol（41 mg/m³）≤排放浓度<50 μmol/mol（103 mg/m³）时，相对误差不超过±30%
			排放浓度<20 μmol/mol（41 mg/m³）时，绝对误差不超过±6 μmol/mol（12 mg/m³）
	其他气态污染物	准确度	相对准确度≤15%
氧气 CMS	氧气	准确度	>5.0%时，相对准确度≤15%
			≤5.0%时，绝对误差不超过±1.0%
颗粒物 CEMS	颗粒物	准确度	排放浓度>200 mg/m³时，相对误差不超过±15%
			100 mg/m³<排放浓度≤200 mg/m³时，相对误差不超过±20%
			50 mg/m³<排放浓度≤100 mg/m³时，相对误差不超过±25%
			20 mg/m³<排放浓度≤50 mg/m³时，相对误差不超过±30%
			10 mg/m³<排放浓度≤20 mg/m³时，绝对误差不超过±6 mg/m³
			排放浓度≤10 mg/m³时，绝对误差不超过±5 mg/m³
流速 CMS	流速	准确度	流速>10 m/s时，相对误差不超过±10%
			流速≤10 m/s时，相对误差不超过±12%
温度 CMS	温度	准确度	绝对误差不超过±3℃
湿度 CMS	湿度	准确度	烟气湿度>5.0%时，相对误差不超过±25%
			烟气湿度≤5.0%时，相对误差不超过±1.5%

注：氮氧化物以 NO_2 计，以上各参数区间划分以参比方法测量结果为准。

9.4.2　联网验收

联网验收由通信及数据传输验收、现场数据比对验收和联网稳定性验收三部分组成。

9.4.2.1　通信及数据传输验收

应按照《污染物在线监控（监测）系统数据传输标准》（HJ 212—2017）的规定检查通信协议的正确性。数据采集和处理子系统与监控中心之间的通信应稳定，不出现经常性的通信连接中断、报文丢失、报文不完整等问题。为保证监测数据在公共数据网上传输的安全性，所采用的数据采集和处理子系统应进行加密传输。监测数据在向监控系统传输的过程中，应由数据采集和处理子系统直接传输。

9.4.2.2　现场数据比对验收

数据采集和处理子系统稳定运行一周后，对数据进行抽样检查，对比上位机接收到的数据和现场机存储的数据是否一致，精确至一位小数。

9.4.2.3　联网稳定性验收

在连续一个月内，子系统能稳定运行，不出现除通信稳定性、通信协议正确性、数据传输正确性外的其他联网问题。

9.4.2.4　联网验收技术指标要求

联网验收技术指标要求见表 9-3。

表 9-3　联网验收技术指标要求

验收检测项目	技术指标要求
通信稳定性	①现场机在线率为 95% 以上； ②正常情况下，掉线后应在 5 min 之内重新上线； ③单台数据采集传输仪每日掉线次数在 3 次以内； ④报文传输稳定性在 99% 以上，当出现报文错误或丢失时，启动纠错逻辑，要求数据采集传输仪重新发送报文
数据传输安全性	①对所传输的数据应按照 HJ 212—2017 规定的加密方法进行加密处理传输，保证数据传输的安全性； ②服务器端对请求连接的客户端进行身份验证
通信协议正确性	现场机和上位机的通信协议应符合 HJ 212—2017 的规定，正确率为 100%
数据传输正确性	系统稳定运行一周后，对一周的数据进行检查，对比接收的数据和现场的数据一致，精确至一位小数，抽查数据正确率为 100%
联网稳定性	系统稳定运行一个月，不出现除通信稳定性、通信协议正确性、数据传输正确性外的其他联网问题

9.5　CEMS 日常运行管理要求

9.5.1　总体要求

CEMS 运维单位应根据 CEMS 使用说明书和本节要求编制仪器运行管理规程，确定系统运行操作人员和管理维护人员的工作职责。运维人员应当熟练掌握烟气排放连续监测仪器设备的原理、使用和维护方法。CEMS 日常运行管理应包括日常巡检、日常维护保养及 CEMS 的校准和检验。

9.5.2　日常巡检

CEMS 运维单位应根据本节要求和仪器使用说明中的相关要求制定巡检规程，严格按照规程开展日常巡检工作并做好记录。日常巡检记录应包括检查项目、检查日期、被检项目的运行状态等内容，每次巡检应记录并归档。CEMS 日常巡检时间间隔不超过 7 天。

日常巡检可参照《固定污染源烟气（SO_2、NO_x、颗粒物）排放连续监测技术规范》（HJ 75—2017）附录 G 中的表 G.1～表 G.3 形式记录。

9.5.3　日常维护保养

运维单位应根据 CEMS 说明书的要求对 CEMS 系统保养内容、保养周期或耗材更换周期等作出明确规定，每次保养情况应记录并归档。每次进行备件或材料更换时，更换的备件或材料的品名、规格、数量等应记录并归档。如更换有证标准物质或标准样品，还需记录新标准物质或标准样品的来源、有效期和浓度等信息。对日常巡检或维护保养中发现的故障或问题，运维人员应及时处理并记录。

CEMS 日常运行管理参照《固定污染源烟气（SO_2、NO_x、颗粒物）排放连续监测技术规范》（HJ 75—2017）附录 G 中的格式记录。

9.5.4　CEMS 的校准和检验

运维单位应根据 9.6 节规定的方法和质量保证规定的周期制定 CEMS 系统的日常校准和校验操作规程。校准和校验记录应及时归档。

9.6　CEMS 日常运行质量保证要求

9.6.1　总体要求

CEMS 日常运行质量保证是保障 CEMS 正常稳定运行、持续提供有质量保证监测数据的必要手段。当 CEMS 不能满足技术指标而失控时，应及时采取纠正措施，并缩短下一次校准、维护和校验的时间间隔。

9.6.2　定期校准

CEMS 运行过程中的定期校准是质量保证中的一项重要工作，定期校准应做到以下几点：

（1）具有自动校准功能的颗粒物 CEMS 和气态污染物 CEMS 每 24 小时至少自动校准一次仪器零点和量程，同时测试并记录零点漂移和量程漂移。

（2）无自动校准功能的颗粒物 CEMS 每 15 天至少校准一次仪器的零点和量程，同时测试并记录零点漂移和量程漂移。

（3）无自动校准功能的直接测量法气态污染物 CEMS 每 15 天至少校准一次仪器的零点和量程，同时测试并记录零点漂移和量程漂移。

（4）无自动校准功能的抽取式气态污染物 CEMS 每 7 天至少校准一次仪器零点和量程，同时测试并记录零点漂移和量程漂移。

（5）抽取式气态污染物 CEMS 每 3 个月至少进行一次全系统的校准，要求零气和标准气体从监测站房发出，经采样探头末端与样品气体通过的路径（应包括采样管路、过滤器、洗涤器、调节器、分析仪表等）一致，进行零点和量程漂移、示值误差和系统响应时间的检测。

（6）具有自动校准功能的流速 CMS 每 24 小时至少进行一次零点校准，无自动校准功能的流速 CMS 每 30 天至少进行一次零点校准。

（7）校准技术指标应满足表 9-4 的要求。定期校准记录按《固定污染源烟气（SO_2、NO_x、颗粒物）排放连续监测技术规范》（HJ 75—2017）附录 G 中的表 G.4 形式记录。

表 9-4　CEMS 定期校准校验技术指标要求及数据失控时段的判别

项目	CEMS 类型	校准功能	校准周期	技术指标	技术指标要求	失控指标	最少样品数/对
定期校准	颗粒物 CEMS	自动	24 h	零点漂移	不超过±2.0%	超过±8.0%	—
				量程漂移	不超过±2.0%	超过±8.0%	
		手动	15 d	零点漂移	不超过±2.0%	超过±8.0%	
				量程漂移	不超过±2.0%	超过±8.0%	

项目	CEMS 类型		校准功能	校准周期	技术指标	技术指标要求	失控指标	最少样品数/对
定期校准	气态污染物 CEMS	抽取测量或直接测量	自动	24 h	零点漂移	不超过±2.5%	超过±5.0%	—
					量程漂移	不超过±2.5%	超过±10.0%	
		抽取测量	手动	7 d	零点漂移	不超过±2.5%	超过±5.0%	
					量程漂移	不超过±2.5%	超过±10.0%	
		直接测量	手动	15 d	零点漂移	不超过±2.5%	超过±5.0%	
					量程漂移	不超过±2.5%	超过±10.0%	
定期校验	流速 CMS		自动	24 h	零点漂移或绝对误差	零点漂移不超过±3.0%或绝对误差不超过±0.9 m/s	零点漂移超过±8.0%且绝对误差超过±1.8 m/s	—
			手动	30 d	零点漂移或绝对误差	零点漂移不超过±3.0%或绝对误差不超过±0.9 m/s	零点漂移超过±8.0%且绝对误差超过±1.8 m/s	—
	颗粒物 CEMS			3 个月或 6 个月	准确度	满足本标准 9.3.8	超过本标准 9.3.8 规定范围	5
	气态污染物 CEMS							9
	流速 CMS							5
	气态污染物 CEMS							9
	流速 CMS							5

9.6.3　定期维护

CEMS 运行过程中的定期维护是日常巡检的一项重要工作,维护频次按照《固定污染源烟气(SO$_2$、NO$_x$、颗粒物)排放连续监测技术规范》(HJ 75—2017)附录 G 中表 G.1~表 G.3 进行说明,定期维护应做到以下几点:

(1)从污染源停运到开始生产前应及时到现场清洁光学镜面。

(2)定期清洗隔离烟气与光学探头的玻璃视窗,检查仪器光路的准直情况;定期对清吹空气保护装置进行维护,检查空气压缩机或鼓风机、软管、过滤器等部件。

（3）定期检查气态污染物 CEMS 的过滤器、采样探头和管路的结灰和冷凝水情况、气体冷却部件、转换器、泵膜老化状态。

（4）定期检查流速探头的积灰和腐蚀情况、反吹泵和管路的工作状态。

（5）定期维护记录按 HJ 75—2017 附录 G 中的表 G.1～表 G.3 形式记录。

9.6.4　定期校验

CEMS 投入使用后，燃料、除尘效率的变化、水分的影响、安装点的振动等都会对测量结果的准确性产生影响。定期校验应做到以下几点：

（1）有自动校准功能的测试单元每 6 个月至少做一次校验，没有自动校准功能的测试单元每 3 个月至少做一次校验；校验用参比方法和 CEMS 同时段数据进行比对，按《固定污染源烟气（SO_2、NO_x、颗粒物）排放连续监测技术规范》（HJ 75—2017）执行。

（2）校验结果应符合表 9-4 的要求，若不符合，则应扩展为对颗粒物 CEMS 的相关系数的校正或（和）评估气态污染物 CEMS 的准确度或（和）流速 CMS 的速度场系数（或相关性）的校正，直到 CEMS 达到表 9-2 的要求，方法见 HJ 75—2017 附录 A。

（3）定期校验记录按《固定污染源烟气（SO_2、NO_x、颗粒物）排放连续监测技术规范》（HJ 75—2017）附录 G 中的表 G.5 形式记录。

9.6.5　常见故障分析及排除

当 CEMS 发生故障时，系统管理维护人员应及时处理并记录。设备维修记录见《固定污染源烟气（SO_2、NO_x、颗粒物）排放连续监测技术规范》（HJ 75—2017）附录 G 中的表 G.6。在维修处理过程中，要注意以下几点：

（1）CEMS 需要停用、拆除或者更换的，应当事先报经主管部门批准。

（2）运维单位发现故障或接到故障通知，应在 4 小时内赶到现场处理。

（3）对于一些容易诊断的故障，如电磁阀控制失灵、膜裂损、气路堵塞、数据采集仪死机等，可携带工具或者备件到现场进行针对性维修，此类故障维修时间不应超过 8 小时。

（4）仪器经过维修后，在正常使用和运行之前应确保维修工作全部完成，性能通过检测程序，按 9.6.2 对仪器进行校准检查。若监测仪器进行了更换，在正常使用和运行之前应对系统进行重新调试和验收。

（5）若数据存储/控制仪发生故障，应在 12 小时内修复或更换，并保证已采集的数据不丢失。

（6）监测设备因故障不能正常采集、传输数据时，应及时向主管部门报告，缺失数据按 9.7.2 处理。

9.6.6　定期校准校验技术指标要求及数据失控时段的判别与修约

（1）CEMS 在定期校准、校验期间的技术指标要求及数据失控时段的判别标准见表 9-4。

（2）当发现任一参数不满足技术指标要求时，应及时按照本规范及仪器说明书等的相关要求，采取校准、调试乃至更换设备重新验收等纠正措施，直至满足技术指标的要求。当发现任一参数数据失控时，应记录失控时段（即从发现失控数据起到满足技术指标要求后停止的时间段）及失控参数，并进行数据修约。

9.7　数据审核和处理

9.7.1　数据审核与标记

固定污染源生产状况下，经验收合格的 CEMS 正常运行时段为 CEMS 数据有效时间段。CEMS 非正常运行时段（如 CEMS 故障期间、维修期间、超过 9.6.2 规定的期限未校准时段、失控时段以及有计划的维护保养、校准等时段）均为

CEMS 数据无效时段。

污染源计划停运一个季度以内的，不得停运 CEMS，日常巡检和维护要求仍按照 9.5 和 9.6 节的规定执行；计划停运超过一个季度的，可停运 CEMS，但应报当地生态环境主管部门备案。污染源启运前，应提前启运 CEMS 系统，并进行校准，在污染源启运后两周内进行校验，满足表 9-4 技术指标要求的，视为启运期间自动监测数据有效。

排污单位可以利用具备自动标记功能的自动监测设备在自动监测设备现场端进行自动标记，也可以授权有关责任人在自动监控系统企业服务端进行人工标记。鼓励排污单位优先进行自动标记，提高标记准确度，减少人工标记工作量。同一时段同时存在人工标记和自动标记时，以人工标记为准。排污单位完成标记即为审核确认自动监测数据的有效性。

自动标记即时生成，各项自动监测数据由自动监测设备同步按照相关标准规范分别计算。一般情况下，每日 12 时前完成前一日数据的人工标记，各项自动监测数据由自动监控系统企业服务端计算；如因通信中断数据未上传、系统升级维护等导致无法进行人工标记时，应当在数据上传后或标记功能恢复后 24 小时内完成人工标记。逾期不进行人工标记，视为对自动监测数据的有效性无异议。

自动监测小时均值数据的有效性依据自动监测分钟数据标记情况进行自动判断。1 小时内"CEMS 维护"标记小于或等于 15 min，且不影响小时均值有效性时，可不再对小时均值数据进行标记。自动监测日均值数据有效性，依据自动监测小时均值数据标记情况进行自动判断。

9.7.2　数据无效时间段数据处理

CEMS 故障、维修、超规定期限未校准及有计划的维护保养、校准等时段均为 CEMS 数据无效时间段。CEMS 故障、维修、维护保养、校准及其他异常时段的污染物排放量修约按表 9-5 处理；亦可用参比方法监测的数据替代，频次不低于一天一次，直至 CEMS 技术指标调试到符合表 9-1 和表 9-2 为止。如使用参比方法监测的数据替代，则监测过程应按照《固定污染源排气中颗粒物测定与气态污染物采样方法》（GB/T 16157—1996）、《固定污染源废气　低浓度颗粒物的测定　重量法》（HJ 836—2017）和《固定源废气监测技术规范》（HJ/T 397—2007）等的要求进行，替代数据包括污染物浓度、烟气参数和污染物排放量。

表 9-5　维护期间和其他异常导致的数据无效时段的处理方法

季度有效数据捕集率（α）	连续无效小时数（N）/h	修约参数	选取值
α≥90%	N≤24	二氧化硫、氮氧化物、颗粒物的排放量	失效前 180 个有效小时排放量最大值
	N>24		失效前 720 个有效小时排放量最大值
75%≤α<90%	—		失效前 2 160 个有效小时排放量最大值

超规定期限未校准的时段视为数据失控时段，失控时段的污染物排放量按照表 9-6 进行修约，污染物浓度和烟气参数不修约。

表 9-6　失控时段的数据处理方法

季度有效数据捕集率（α）	连续失控小时数（N）/h	修约参数	选取值
α≥90%	N≤24	二氧化硫、氮氧化物、颗粒物的排放量	上次校准前 180 个有效小时排放量最大值
	N>24		上次校准前 720 个有效小时排放量最大值
75%≤α<90%	—		上次校准前 2 160 个有效小时排放量最大值

9.7.3　数据记录与报表

9.7.3.1　记录

按《固定污染源烟气（SO$_2$、NO$_x$、颗粒物）排放连续监测技术规范》（HJ 75—2017）附录 D 的表格形式记录监测结果。

9.7.3.2　报表

按《固定污染源烟气（SO$_2$、NO$_x$、颗粒物）排放连续监测技术规范》（HJ 75—2017）附录 D 的表格（表 D.9、表 D.10、表 D.11、表 D.12）形式定期将 CEMS 监测数据上报，报表中应给出最大值、最小值、平均值、累计排放量以及参与统计的样本数。

第 10 章　厂界环境噪声及周边环境影响监测

厂界环境噪声和周边环境质量监测应按照相关的标准和规范开展。对于厂界环境噪声而言，重点是监测点位的布设，应能够反映厂内噪声源对厂外尤其是对厂外居民区等敏感点的影响。对周边环境质量监测，不同的陆上石油天然气开采排污单位对周边环境空气、地表水、近岸海域海水、地下水和土壤有不同程度的影响，在制定监测方案时应依据相关标准规范和管理要求，若无明确要求的，陆上石油天然气开采排污单位可结合本单位实际排污情况，选择有必要开展监测的对象，结合本单位实际排污环境，适当选择应监测的对象，确保监测项目、监测点位的代表性和监测采样的规范性。本章围绕厂界环境噪声、地表水、近岸海域海水、土壤、地下水和环境空气监测的关键点进行介绍和说明。

10.1　厂界环境噪声监测

10.1.1　环境噪声的含义

《中华人民共和国噪声污染防治法》第二条规定：本法所称环境噪声污染，是指超过噪声排放标准或者未依法采取防控措施产生噪声，并干扰他人正常生活、工作和学习的现象。所以在测量厂界环境噪声时应重点关注：①噪声排放是否超过标准规定的排放限值；②是否干扰他人正常生活、工作和学习。

10.1.2　厂界环境噪声布点原则

《工业企业厂界环境噪声排放标准》（GB 12348—2008）规定，厂界环境噪声监测点的选择应根据工业企业声源、周围噪声敏感建筑物的布局以及毗邻的区域类别，在工业企业厂界布设多个点位，包括距噪声敏感建筑物较近以及受被测声源影响较大的位置。《总则》则更具体地指出了厂界环境噪声监测点位设置应遵循的原则：①根据厂内主要噪声源距厂界位置布点；②根据厂界周围敏感目标布点；③"厂中厂"是否需要监测根据内部和外围排污单位协商确定；④面临海洋、大江、大河的厂界原则上不布点；⑤厂界紧邻交通干线不布点；⑥厂界紧邻另一个排污单位的，在临近另一个排污单位侧是否布点由排污单位协商确定。

厂界环境噪声监测点位设置应遵循《总则》的原则，主要考虑油气集中处理站、天然气处理厂、储油库、海上油气田陆岸终端、增压站内噪声源的分布情况和周边噪声敏感建筑物的位置。采油气井场、配气站、集气站（输气站）、计量站、转油站、污水处理站、配注站、放水站、注水站（回注站）、脱水站等场站内声源装置稳定运行且厂界环境噪声远低于标准限值的小型场站，可不开展厂界环境噪声监测；周边 2 km 范围内无噪声敏感建筑物的场站，可不开展厂界环境噪声监测。

厂界一侧长度在 100 m 以下的，原则上可布设 1 个监测点位；300 m 以下的可布设监测点位 2~3 个；300 m 以上的可布设监测点位 4~6 个。通常所说的厂界，是指由法律文书（如土地使用证、土地所有证、租赁合同等）所确定的业主所拥有使用权（或所有权）的场所或建筑边界，各种产生噪声的固定设备的厂界为其实际占地边界。

设置测量点时，一般情况下应选在工业企业厂界外 1 m、高度 1.2 m 以上，距任一反射面距离不小于 1 m 的位置；当厂界有围墙且周围有受影响的噪声敏感建筑物时，测点应选在厂界外 1 m、高于围墙 0.5 m 以上的位置；当厂界无法测量到声源的实际排放状况时（如声源位于高空、厂界设有声屏障等），应在工业企业厂界外 1 m、高度 1.2 m 以上，距任一反射面距离不小于 1 m 的位置设置测点，同时在受影响的噪声敏感建筑物的户外 1 m 处另设测点，建筑物高于 3 层时，可考虑分层布点；测量室内噪声时，测量点位应设在距任何反射面 0.5 m 以上、距地面 1.2 m 高度处，在受噪声影响方向的窗户开启状态下测量；固定设备结构传声至噪声敏感建筑物室内，在噪声敏感建筑物室内测量时，测点应距任何反射面 0.5 m 以上，距地面 1.2 m、距外窗 1 m 以上，窗户关闭状态下测量，具体要求参照《环境噪声监测技术规范 结构传播固定设备室内噪声》（HJ 707—2014）执行。

10.1.3 环境噪声测量仪器

测量厂界环境噪声使用的测量仪器为积分平均声级计或环境噪声自动监测仪，其性能应不低于《电声学 声级计 第 1 部分：规范》（GB/T 3785.1—2010）中对 2 型仪器的要求。测量 35 dB（A）以下的噪声时应使用 1 型声级计，且测量范围应满足所测量噪声的需要。校准所用仪器应符合《电声学 声校准器》（GB/T 15173—2010）对 1 级或 2 级声校准器的要求。当需要进行噪声的频谱分析时，仪器性能应符合《电声学 倍频程和分数倍频程滤波器》（GB/T 3241—2010）中对滤波器的要求。

测量仪器和校准仪器应定期检定是否合格，并在有效使用期限内使用；每次测量前后必须在测量现场进行声学校准，其前后校准示值偏差不得大于 0.5 dB（A），否则测量结果无效。测量时传声器应加防风罩。测量仪器时间计权特性设为"F"挡，采样时间间隔不大于 1 s。

10.1.4 环境噪声监测注意事项

测量应在无雨雪、无雷电天气，风速为 5 m/s 以下时进行。若不得不在特殊气象条件下测量，应采取必要措施保证测量的准确性，同时注明当时所采取的措施及气象情况，测量应在被测声源正常工作时间进行，同时注明当时的工况。

测量应分别在昼间、夜间两个时段进行。夜间有频发、偶发噪声影响时同时测量最大声级。若被测声源为稳态噪声，采用 1 min 的等效声级；若被测声源为非稳态噪声，测量被测声源有代表性时段的等效声级，必要时测量被测声源整个正常工作时段的等效声级。噪声超标时，必须测量背景值，背景噪声的测量及修正应按照《环境噪声监测技术规范　噪声测量值修正》（HJ 706—2014）执行。

10.1.5　监测结果评价

各个测点的测量结果应单独评价。同一测点每天的测量结果应按昼间、夜间进行评价。最大声级直接评价。当厂界与噪声敏感建筑物距离小于 1 m，厂界环境噪声在噪声敏感建筑物室内测量时，应将相应的噪声标准限制降低 10 dB（A）作为评价依据。

10.2　地表水监测

本节仅针对监测断面设置和现场采样进行介绍，样品保存、运输以及实验室分析部分参考第 6 章。

10.2.1　监测断面设置

排污单位厂界周边的地表水环境质量影响监测点位应参照排污单位环境影响评价文件及其批复和其他环境管理要求设置。

如环境影响评价文件及其批复和其他文件中均未作出要求，排污单位需要开展周边环境质量影响监测的，环境质量影响监测点位设置的原则和方法参照《建设项目环境影响评价技术导则　总纲》（HJ 2.1—2016）、《环境影响评价技术导则　地表水环境》（HJ 2.3—2018）和《地表水环境质量监测技术规范》（HJ 91.2—2022）等执行。

《环境影响评价技术导则　地表水环境》（HJ 2.3—2018）规定环境影响评价中，应提出地表水环境质量监测计划，包括监测断面或点位位置（经纬度）、监测因子、监测频次、监测数据采集与处理、分析方法等。地表水环境质量监测断面或点位设置需与水环境现状监测、水环境影响预测的断面或点位相协调，并应强化其代表性、合理性。

10.2.1.1   河流监测断面设置

根据《环境影响评价技术导则 地表水环境》（HJ 2.3—2018）、《地表水环境质量监测技术规范》（HJ 91.2—2022）的规定，应布设对照断面和控制断面。对照断面宜布置在排放口上游 500 m 以内。控制断面应根据受纳水域水环境质量控制管理要求设置。控制断面可结合水环境功能区或水功能区、水环境控制单元区划情况，直接采用国家及地方确定的水质控制断面。评价范围内不同水质类别区、水环境功能区或水功能区、水环境敏感区及需要进行水质预测的水域，应布设水质监测断面。评价范围以外的调查或预测范围，可以根据预测工作需要增设相应的水质监测断面。水质取样断面上取样垂线的布设与各垂线上的采样点的设置按照《地表水环境质量监测技术规范》（HJ 91.2—2022）的规定执行。

10.2.1.2   湖库监测点位设置

根据《环境影响评价技术导则 地表水环境》（HJ 2.3—2018）的规定，水质取样垂线的设置可采用以排放口为中心，沿放射线布设或网格布设的方法，按照下列原则及方法设置：一级评价[1]在评价范围内布设的水质取样垂线数宜不少于20 条；二级评价[2]在评价范围内布设的水质取样垂线数宜不少于 16 条。评价范围内不同水质类别区、水环境功能区或水功能区、水环境敏感区、排放口和需要进行水质预测的水域，应布设取样垂线。水质取样垂线上取样点的布设按照《地表水环境质量监测技术规范》（HJ 91.2—2022）的规定执行。

---

① 参见《环境影响评价技术导则 地表水环境》（HJ 2.3—2018）。
② 参见《环境影响评价技术导则 地表水环境》（HJ 2.3—2018）。

10.2.2　水样采集

10.2.2.1　基本要求

（1）河流

对开阔河流采样时，应包括下列基本点：用水地点的采样；污水流入河流后，对充分混合的地点及流入前的地点采样；支流合流后，对充分混合的地点及混合前的主流与支流地点的采样；主流分流后地点的选择；根据其他需要设定的采样地点。各采样点原则上应在河流横向及垂向的不同位置采集样品。采样时间一般选择在采样前至少连续两天晴天，水质较稳定的时间。

（2）水库和湖泊

水库和湖泊的采样，由于采样地点和温度的分层现象可引起很大的水质差异，在调查水质状况时，应考虑到成层期与循环期的水质明显不同。了解循环期水质，可布设和采集表层水样；了解成层期水质，应按照深度布设及分层采样。

10.2.2.2　水样采集要点内容

（1）采样器材

采样器材包括采样器、静置容器、样品瓶、水样保存剂以及其他辅助设备。采样器材的材质和结构、水样保存等应符合标准分析方法要求，如标准分析方法中无要求的则按《水质　样品的保存和管理技术规定》（HJ 493—2009）执行。

采样器包括表层采样器、深层采样器、自动采样器、石油类采样器等。水样容器包括聚乙烯瓶（桶）、硬质玻璃瓶和聚四氟乙烯瓶。聚乙烯瓶一般用于大多数无机物的样品，硬质玻璃瓶用于有机物和生物样品，玻璃或聚四氟乙烯瓶用于微量有机污染物（挥发性有机物）样品。

（2）采样量

在地表水水质监测中通常采集瞬时水样。采样量参照《地表水环境质量监测技术规范》（HJ 91.2—2022）要求，即考虑重复测定和质量控制的需要的量，并留有余地。

（3）采样方法

可以采用船只采样、桥上采样、涉水采样等方式采集水样。使用船只采样时，采样船应位于采样点的下游，逆流采集水样，避免搅动底部沉积物。采样人员应尽量在船只前部采样，尽量使采样器远离船体。在桥上采样时，采样人员应能准确控制采样点位置，确定合适的汲水场合，采用合适的方式采样，如可用系着绳子的水桶投入水中汲水，要注意不能混入漂浮于水面上的物质。涉水采样时，采样人员应站在采样点下游，逆流采集水样，避免搅动底部沉积物。

一般情况下，不允许采集岸边水样，监测断面目视范围内无水或仅有不连贯的积水时，可不采集水样，但要做好现场情况记录。

（4）水样保存

在水样采入或装入容器后，应按规范要求加入保存剂。

10.2.2.3　注意事项

地表水水样的采集需按照《地表水环境质量监测技术规范》（HJ 91.2—2022）要求进行。需要注意《地表水环境质量标准》（GB 3838—2002）中规定的部分项目，除标准分析方法有特殊要求的监测项目外，均要求水样采集后自然沉降30 min。

水样采集过程中还应注意以下几个方面：

（1）采样时不可搅动水底的沉积物。除标准分析方法有特殊要求的监测项目外，采集到的水样倒入静置容器中，自然沉降30 min。

（2）使用虹吸装置取上层不含沉降性固体的水样，虹吸装置进水尖嘴应保持插至水样表层50 mm以下位置。

（3）采样时应保证采样点的位置准确，必要时用全球定位系统（GPS）定位。

（4）采样结束前，核对采样方案、记录和水样是否正确，否则补采。认真填写采样记录表。

（5）石油类、五日生化需氧量（BOD₅）、溶解氧（DO）、硫化物、粪大肠菌群、悬浮物、叶绿素 a 或标准分析方法有特殊要求的项目要单独采样。

（6）测定油类水样，应在水面下至 30 cm 水深范围内采集柱状水样，并单独采集，全部用于测定，样品瓶不得用采集水样荡洗。

（7）测定溶解氧、五日生化需氧量、硫化物和有机物等项目时，水样必须注满容器，上部不留空间，并用水封口。

10.3　近岸海域海水影响监测

10.3.1　监测点位设置

排污单位厂界周边的海水环境质量影响监测点位设置，按照排污单位环境影响评价文件及其批复和其他环境管理要求执行。

如环境影响评价文件及其批复和其他文件中均未作出要求，排污单位需要开展周边环境质量影响监测的，环境质量影响监测点位设置的原则和方法参照《建设项目环境影响评价技术导则　总纲》（HJ 2.1—2016）、《环境影响评价技术导则　地表水环境》（HJ 2.3—2018）、《近岸海域环境监测技术规范　第八部分　直排海污染源及对近岸海域水环境影响监测》（HJ 442.8—2020）和《近岸海域环境监测点位布设技术规范》（HJ 730—2014）等执行。

根据《环境影响评价技术导则　地表水环境》（HJ 2.3—2018），一级评价可布设 5～7 个取样断面，二级评价可布设 3～5 个取样断面。根据垂向水质分布特点，参照《海洋调查规范》（GB/T 12763—2007）、《近岸海域环境监测技术规范　第八部分　直排海污染源及对近岸海域水环境影响监测》（HJ 442.8—2020）和《近岸海域环境监测点位布设技术规范》（HJ 730—2014）执行。排放口位于感潮河段内的，其上游设置的水质取样断面，应根据时间情况参照河流决定，其下游断面的布设与近岸海域相同。

10.3.2　水样采集基本要求

10.3.2.1　采样前环境情况检查

每次采样前均应仔细检查装置的性能及采样点周围的状况。

（1）岸上采样

如果水是流动的，采样人员站在岸边，必须面对水流动方向操作。若底部沉积物受到扰动，则不能继续取样。

（2）船上采样

由于船体本身就是一个重要污染源，船上采样要始终采取适当措施防止船上各种污染源可能带来的影响。采痕量金属水样应尽量避免使用铁质或其他金属制成的小船，采用逆风逆流采样，一般应在船头取样，将来自船体的各种沾污控制在尽量低的水平上。当船体到达采样点位后，应该根据风向和流向，立即将采样船周围海面划分为船体沾污区、风成沾污区和采样区三部分，然后在采样区采样。或者待发动机关闭后，当船体仍在缓慢前进时，将抛浮式采水器从船头部位尽力向前方抛出，或者使用小船离开大船一定距离后采样；采样人员应坚持向风操作，采样器不能直接接触船体任何部位，裸手不能接触采样器排水口，采样器内的水样先放掉一部分后再取样；采样深度的选择是采样的重要部分，通常要特别注意避开微表层采集表层水样，也不要在悬浮沉积物富集的底层水附近采集底层水样；采样时应避免剧烈搅动水体，如发现底层水浑浊，应停止采样；当水体表面漂浮杂质时，应防止其进入采样器，否则重新采样；采集多层次深水水域的样品，按由浅到深的顺序采集；因采水器容积有限不能一次完成时，可进行多次采样，将各次采集的水样集装在大容器中，分样前应充分摇匀。混匀样品的方法不适于溶解氧、BOD_5、油类、细菌学指标、硫化物及其他有特殊要求的项目；测溶解氧、BOD_5、pH 等项目的水样，采样时须充满容器，避免残留空气对测项的干扰；其他测项，装水样至少留出容器体积 10%的空间，以便样品分析前充分摇匀；取样时，应沿样品瓶内壁注入，除溶解氧等特殊要求外，放水管不要插入液面下装样；除现场测定项目外，样品采集后应按要求加入保存剂，并颠倒数次使保存剂在样品中均匀分散；水样取好后，仔细塞好瓶塞，不能有漏水现象。如将水样转送他处或不能立刻分析时，应用石蜡或水漆封口。对不同水深，采样层次按照《近岸海域环境监测技术规范　第八部分　直排海污染源及对近岸海域水环境影响监测》（HJ 442.8—2020）执行。

10.3.2.2　现场采样注意事项

（1）项目负责人或技术负责人同船长协调海上作业与船舶航行的关系，在保证安全的前提下，航行应满足监测作业的需要。

（2）按监测方案要求，获取样品和资料。

（3）水样分装顺序的基本原则是：不过滤的样品先分装，需过滤的样品后分装；一般按悬浮物和溶解氧（五日生化需氧量）→pH→营养盐→重金属→化学需氧量→叶绿素 a→浮游植物（水采样）的顺序进行分装；如化学需氧量和重金属汞需测试非过滤态，则按悬浮物和溶解氧（五日生化需氧量）→化学需氧量→汞→pH→盐度→营养盐→其他重金属→叶绿素 a→浮游植物（水采样）的顺序进行分装。

（4）在规定时间内完成应在海上现场测试的样品，同时做好非现场检测样品的预处理。

（5）采样事项：船到达点位前 20 min，停止排污和冲洗甲板，关闭厕所通海管路，直至监测作业结束；严禁用手沾污所采样品，防止样品瓶塞（盖）沾污；观测和采样结束，应立即检查有无遗漏，然后方可通知船方起航；在大雨等特殊气象条件下应停止海上采样工作；遇有赤潮和溢油等情况，应按应急监测规定要求进行跟踪监测。

10.4　地下水监测

10.4.1　监测点位布设

环境管理要求或陆上石油天然气开采排污单位的环境影响评价文件及其批复[仅限 2015 年 1 月 1 日（含）后取得环境影响评价批复的]对厂界周边的地下水环境质量监测有明确要求的，按要求执行。如环境影响评价文件及其批复和其他文件中均未作出要求，排污单位认为有必要开展周边环境质量影响监测的，地下水环境质量影响监测点位设置的原则和方法参照《环境影响评价技术导则　地下水环境》（HJ 610—2016）和《地下水环境监测技术规范》（HJ 164—2020）等执行。

参考《环境影响评价技术导则　地下水环境》（HJ 610—2016），根据排污单位类别及地下水环境敏感程度，划分排污单位对地下水环境影响的等级见表 10-1，进而确定地下水监测点（井）的数量及分布。

表 10-1　排污单位周边地下水环境影响等级分级

敏感程度[②]	项目类别[①]		
	Ⅰ类项目	Ⅱ类项目	Ⅲ类项目
敏感	一级	一级	二级
较敏感	一级	二级	三级
不敏感	二级	三级	三级

注：①参见《环境影响评价技术导则　地下水环境》（HJ 610—2016）附录 A。
　　②参见《环境影响评价技术导则　地下水环境》（HJ 610—2016）表 1。

地下水环境质量影响监测点位（井）数量及设置要求：影响等级为一级、二级的排污单位，点位数量一般不少于 3 个，应至少在排污单位建设场地上、下游各布设 1 个。一级排污单位还应在重点污染风险源处增设监测点。影响等级为三级的排污单位，点位数量一般不少于 1 个，应至少在排污单位下游布设 1 个。

10.4.2　监测井的建设与管理

开展周边地下水环境质量影响监测时，排污单位可选择符合点位布设要求、常年使用的现有井（如经常使用的民用井）作为监测井，在无合适现有井时，可设置专门的监测井。多数情况下，地下水可能存在污染的部分集中在接近地表的浅水中，排污单位应根据所在地及周边水文地质条件确定地下水埋藏深度，进而确定地下水监测井井深或取水层位置。

地下水监测井的建设与管理，应符合《地下水环境监测技术规范》（HJ 164—2020）中第 5 章的规定。

地下水样品的现场采集、保存、实验室分析及质量控制的具体操作过程，应符合《地下水环境监测技术规范》（HJ 164—2020）中第 6 章、第 7 章、第 8 章、第 10 章的规定。

10.5　土壤监测

环境管理要求或陆上石油天然气开采排污单位的环境影响评价文件及其批复［仅限 2015 年 1 月 1 日（含）后取得环境影响评价批复的］对厂界周边的土壤环境质量监测有明确要求的，按要求执行。如环境影响评价文件及其批复和其他文件中均未作出要求，排污单位认为有必要开展周边环境质量影响监测的，土壤环境质量影响监测点位设置的原则和方法参照《环境影响评价技术导则　土壤环境（试行）》（HJ 964—2018）和《土壤环境监测技术规范》（HJ/T 166—2004）等执行。

参考《环境影响评价技术导则　土壤环境（试行）》（HJ 964—2018）中有关污染影响型建设项目的要求，根据排污单位类别、占地规模及土壤环境的敏感程度，确定监测点位布设的范围、数量及采样深度。

根据表 10-2 的规定，确定排污单位对周边土壤环境影响的等级，在确定排污单位土壤环境影响的等级后，可根据表 10-3 的规定确定监测点布设的范围及点位数量。

表 10-2　排污单位周边土壤环境影响等级划分

敏感程度[2]	项目类别[1]								
	Ⅰ类项目			Ⅱ类项目			Ⅲ类项目		
	大型	中型	小型	大型	中型	小型	大型	中型	小型
敏感	一级	一级	一级	二级	二级	二级	三级	三级	三级
较敏感	一级	一级	二级	二级	二级	三级	三级	三级	—
不敏感	一级	二级	二级	二级	三级	三级	三级	—	—

注：①参见《环境影响评价技术导则　土壤环境（试行）》（HJ 964—2018）附录 A。排污单位占地规模分为大型（≥50 hm²）、中型（5～50 hm²）、小型（≤5 hm²）。
　　②敏感程度参见《环境影响评价技术导则　土壤环境（试行）》（HJ 964—2018）表 3。

表 10-3　排污单位周边土壤环境质量影响监测点位布设范围及数量

土壤环境影响等级	周边土壤环境监测点的布设范围[1]	点位数量
一级	1 km	4 个表层点[2]
二级	0.2 km	2 个表层点[2]
三级	0.05 km	—[3]

注：①涉及大气沉降途径影响的，可根据主导风向下风向最大浓度落地点适当调整监测点位布设范围。
　　②表层点一般在 0～0.2 m 采样。
　　③影响等级为三级的排污单位，除有特殊要求的，一般可不考虑布设周边土壤环境监测点。

土壤样品的现场采集、样品流转、制备、保存、实验室分析及质量控制的具体过程应符合《土壤环境监测技术规范》（HJ/T 166—2004）中的相关技术规定。

10.6 环境空气监测

10.6.1 监测点位布设

环境管理要求或陆上石油天然气开采排污单位的环境影响评价文件及其批复〔仅限 2015 年 1 月 1 日（含）后取得环境影响评价批复的〕对厂区周边环境空气质量监测有明确要求的，按要求执行。如环境影响评价文件及其批复和其他文件中均未作出要求，排污单位认为有必要开展周边环境质量影响监测的，环境空气质量影响监测点位设置的原则和方法参照《环境空气质量监测点位布设技术规范（试行）》（HJ 664—2013）执行。

监测点位布设时，根据监测目的和任务要求确定具有代表性的监测点位。对于为监测固定污染源对当地环境空气质量影响而设置的监测点，代表范围一般为半径 100～500 m，如果考虑较高的点源对地面浓度影响时，半径也可以扩大到500～4 000 m。

污染监控点应依据排放源的强度和主要污染项目布设，设置在排放源的主导风向和第二主导风向的下风向最大落地浓度区内，以捕捉到最大污染特征为原则进行布设。

监测点采样口周围水平面应保证有 270°以上的捕集空间，不能有阻碍空气流动的高大建筑、树木或其他障碍物；如果采样口一侧靠近建筑，采样口周围水平面应有 180°以上的自由空间。从采样口到附近最高障碍物之间的水平距离，应为该障碍物与采样口高度差的两倍以上，或者从采样口到建筑物顶部与地平线的夹角小于 30°。

10.6.2 现场采样注意事项

陆上石油天然气开采排污单位厂界周边的环境空气现场采样主要参照《环境

空气质量手工监测技术规范》（HJ 194—2017）和具体的监测指标采用的分析方法确定现场采样方法、采样时间和采样频率。现场采样的主要方法有溶液吸收采样、吸附管采样、滤膜采样、滤膜-吸附剂联用采样和直接采样等，根据不同监测指标的分析方法确定其采样方法。

溶液吸收采样时，采样前注意检查管路是否清洁，进行系统的气密性检查；采样前后流量误差应小于 5%；采样时注意吸收管进气方向不要接反，防止倒吸；采样过程中有避光、温度控制等要求的项目按照相关监测方法标准执行，及时记录采样起止时间、流量、温度、压力等参数；采样结束后，需要避光、冷藏、低温保存的按照相关标准要求采取相应措施妥善保存，尽快送到实验室，并在有效期内完成分析；运输过程中避免样品受到撞击或剧烈振动而损坏；按照相关监测标准要求采集足够数量的全程序空白样品。

吸附管采样时，采样前进行系统的气密性检查；采样前后流量误差应小于 5%；采样过程中有避光、温度控制等要求的项目按照相关监测方法标准执行，及时记录采样起止时间、流量、温度、压力等参数；采样结束后，需要避光、冷藏、低温保存的按照相关标准要求采取相应措施妥善保存，尽快送到实验室，并在有效期内完成分析；运输过程中避免样品受到撞击或剧烈振动而损坏；按照相关监测标准要求采集足够数量的全程序空白样品。

滤膜采样时，采样前清洗切割器，保证切割器清洁；检查采样滤膜的材质、本底、均匀性、稳定性是否符合所采项目监测方法标准要求，滤膜边缘是否平滑、薄厚是否均匀，且无毛刺、无污染、无碎屑、无针孔、无折痕、无损坏；检查采样器的流量、温度、压力是否在误差允许范围内；采样结束后，用镊子轻轻夹住滤膜边缘，取下样品滤膜，并检查是否有破裂或滤膜上尘积面的边缘轮廓是否清晰、完整；采样前后流量误差应小于 5%；样品采集后，立即装盒（袋）密封，尽快送至实验室分析；运输过程中，应避免剧烈振动，对于需要平放的滤膜，保持滤膜采集面向上。

第 11 章　监测质量保证与质量控制体系

监测质量保证与质量控制是提高监测数据质量的重要保障，是监测过程的重中之重，同时也涉及监测过程各方面内容。本章立足现有经验，对污染源监测应关注的重点内容、质控要点进行梳理，提供了经验性的参考，但仍难以面面俱到。排污单位或社会化检测机构在开展污染源监测过程中，可参考本章内容，结合自身实际情况，制定切实有效的监测质量保证与质量控制方案，提高监测数据质量。

11.1　基本概念

监测质量保证与质量控制是环境监测过程中的两个重要概念。《环境监测质量管理技术导则》（HJ 630—2011）中的定义为：质量保证是指为了提供足够的信任表明实体能够满足质量要求，而在质量体系中实施并根据需要证实的全部有计划和有系统的活动。质量控制是指为了达到质量要求所采取的作业技术或活动。

采取质量保证的目的是获取他人对质量的信任，是为使他人确信某实体提供的数据、产品或者服务等能满足质量要求而实施的并根据需要进行证实的全部有计划、有系统的活动。质量控制则是通过监视质量形成过程，消除生产数据、产品或者提供服务的所有阶段中可能引起不合格或不满意效果的因素，使其达到质量要求而采用的各种作业技术和活动。

　　环境监测的质量保证与质量控制，是依靠系统的文件规定来实施的内部的技术和管理手段。它们既是生产出符合国家质量要求的检测数据的技术管理制度和活动，也是一种"证据"，即向任务委托方、环境管理机构和公众等表明该检测数据是在严格的质量管理中完成的，具有足够的管理和技术上的保证手段，数据是准确、可信的。

11.2　质量体系

　　证明数据质量可靠性的技术管理制度与活动可能千差万别，但是也有其共同点。为了实现质量保证与质量控制的目的，往往需要建立一套能够保证有效运行的质量体系。它应覆盖环境检测活动所涉及的全部场所、所有环节，以使检测机构的质量管理工作程序化、文件化、制度化和规范化。

　　对于专业的向政府、企事业单位或者个人提供排污情况监测数据的社会化检测机构，按照《检验检测机构资质认定管理办法（2021 年修正版）》（质检总局令第 163 号）、《检验检测机构资质认定能力评价　检验检测机构通用要求》（RB/T 214—2017）、《检验检测机构资质认定生态环境监测机构评审补充要求》（国市监检测〔2018〕245 号）的要求建立并运行质量体系是必要的。若检测实验室仅为排污单位内部提供数据，质量管理活动的目的则是为本单位管理层、环境管理机构和公众提供证据，证明数据准确、可信，质量手册不是必需的，但有利于检测实验室数据质量得到保证的一些程序性规定和记录是必要的（如实验室具体分析工作的实施流程、数据质量相关的管理流程等的详细规定，具体方法或设备使用的指导性详细说明，数据生产过程和监督数据生产需使用的各种记录表格等）。

　　建立质量体系不等于需要通过资质认定。质量体系的繁简程度与检测实验室的规模、业务范围、服务对象等密切相关，有时还需要根据业务委托方的要求修改完善质量体系。质量体系一般包括质量手册、程序文件、作业指导书和记录。

有效的质量控制体系应满足"对检测工作进行全面规范，且保证全过程留痕"的基本要求。

11.2.1　质量手册

质量手册是检测实验室质量体系运行的纲领性文件，阐明检测实验室的质量目标，描述检测实验室全部检测质量活动的要素，规定检测质量活动相关人员的责任、权限和相互之间的关系，明确质量手册的使用、修改和控制的规定等。质量手册至少应包括批准页、自我声明、授权书、检测实验室概述、检测质量目标、组织机构、检测人员、设施和环境、仪器设备和标准物质，以及检测实验室为保证数据质量所作的一系列规定等。

（1）批准页：批准页的主要内容是说明编制质量体系的目的以及质量手册的内容，并由最高管理者批准实施。

（2）自我声明：检测实验室关于独立承担法律责任、遵守《中华人民共和国计量法》和监测技术标准规范等相关法律法规、客观出具数据等的承诺。

（3）授权书：检测实验室有多种情形需要授权，包括但不仅限于在最高管理者外出期间，授权给其他人员代为行使职权；最高管理者授权人员担任质量负责人、技术负责人等关键岗位；授权检测实验室的大型贵重仪器设备的人员使用等。

（4）检测实验室概述：简要介绍检测实验室的地理位置、人员构成、仪器设备配置概况、隶属关系等基本信息。

（5）检测质量目标：检测质量目标即定量描述检测工作所达到的质量。

（6）组织结构：明确检测实验室与检测工作相关的外部管理机构的关系，与本单位其他部门的关系，完成检测任务相关部门之间的工作关系等，通常以组织结构框图的方式表明。与检测任务相关的各部门的职责应予以明确和细化。例如，可规定检测质量管理部门应当具有下列职责：

①牵头制订检测质量管理年度计划并监督实施，编制质量管理年度总结。

②负责组织质量管理体系建设、运行管理，包括质量体系文件编制、宣贯、

修订、内部审核、管理评审、质量督查、检测报告抽查、实验室和现场监督检查、质量保证和质量控制等工作。

③负责组织人员开展内部持证上岗考核相关工作。

④负责组织参加外部机构组织的能力验证、能力考核、比对抽测等各项考核工作。

⑤负责组织仪器设备检定/校准工作，包括编制检定/校准计划、组织实施和确认。

⑥负责标准物质管理工作，包括建立标准物质清册，管理标准物质样品库，标准样品的验收、入库、建档及期间核查等。

（7）检测人员：包括检测岗位划分和检测人员管理两部分。

检测岗位划分指检测实验室将检测相关工作分为若干具体的检测工序，并明确各检测工序的职责。以检测实验室为例，岗位划分可描述为质量负责人、技术负责人、报告签发人、采样岗位、分析岗位、质量监督人、档案管理人等。可以由同一个人兼任不同的岗位，也可以专职从事某一个岗位。但报告编制、审核和签发应由三个不同的人承担，不能由一个人兼任其中的两个及以上职责。

检测人员管理则规定从事采样、分析等检测相关工作的人员应接受的教育和培训、应掌握的技能、应履行的职责等。以分析岗位为例，人员管理可描述为以下几个方面：

①分析人员必须经过培训，熟练掌握与本人承担分析项目有关的标准监测方法或技术规范及有关法规，且具备对检验检测结果作出评价的判断能力，经内部考核合格后持证上岗。

②熟练掌握所用分析仪器设备的基本原理、技术性能，以及仪器校准、调试、维护和常见故障的排除技术。

③熟悉并遵守质量手册的规定，严格按监测标准、规范或作业指导书开展监测分析工作，熟悉记录的控制与管理程序，按时完成任务，保证监测数据准确、可靠。

④认真做好样品分析前的各项准备工作，分析样品的交接工作以及样品分析工作，确保按业务通知单或监测方案要求完成样品分析。

⑤分析人员必须确保选用的分析方法现行有效，分析依据正确。

⑥负责所使用仪器设备的日常维护、使用和期间核查，编制/修订其操作规程、维护规程、期间核查规程和自校规程，并在计量检定/校准有效期内使用。负责做好使用、维护和期间核查记录。

⑦确保分析质控措施和质控结果符合有关监测标准或技术规范及相关规定的要求。

⑧当分析仪器设备、分析环境条件或被测样品不符合监测技术标准或技术规范要求时，监测分析人员有权暂停工作，并及时向上级报告。

⑨认真做好分析原始记录并签字，要求字迹清楚、内容完整、编号无误。

⑩分析人员对分析数据的准确性和真实性负责。

⑪校对上级安排的其他检测人员的分析原始记录。

检测实验室建立人员配备情况一览表（参考样表 11-1），有助于提高人员管理效率。

表 11-1　检测人员一览表（样表）

序号	姓名	性别	出生年月	文化程度	职务/职称	所学专业	从事本技术领域年限	所在岗位	持证项目情况	备注
1	张三	男	1988 年 8 月	本科	工程师	分析化学	5 年	分析岗	水和废水：化学需氧量、氨氮	质量负责人
...										

（8）设施和环境：检测实验室的设施和环境条件是指检测实验室配备必要的设施硬件，并建立制度保证监测工作环境适应监测工作需求。检测实验室的设施通常包括空调、除湿机、干湿度温度计、通风橱、纯水机、冷藏柜、超声波清洗仪、电子恒温恒湿箱、灭火器等检测辅助设备。至少应明确以下规定：

①防止交叉污染的规定。例如，规定检测区域应有明显标识；严格控制进入

和使用影响检测质量的实验区域；对相互有影响的活动区域进行有效隔离，防止交叉污染。比较典型的交叉污染例子有：挥发酚项目的检测分析会对在同一实验室进行的氨氮检测分析造成交叉污染的影响；在分析总砷、总铅、总汞、总镉等项目时，如果不同的样品间浓度差异较大，规定高、低浓度的采样瓶和分析器皿分别用专用酸槽浸泡洗涤，以免交叉污染。必要时，用优级纯酸稀释后浸泡超低浓度样品所用器皿等。

②对可能影响检测结果质量的环境条件，规定检测人员进行监控和记录，保证其符合相关技术要求。例如，万分之一以上精度的电子天平正常工作对环境温度、湿度有控制要求，检测实验室应有监控设施，并有记录表格记录环境条件。

③规定有效控制危害人员安全和人体健康的潜在因素。例如，配备通风橱、消防器材等必要的防护和处置措施。

④对化学品、废弃物、火、电、气和高空作业等安全相关因素作出规定等。

（9）仪器设备和标准物质：检测用仪器设备和标准物质是保障检测数据量值溯源的关键载体。检测实验室应配备满足检测方法规定的原理、技术性能要求的设备，应对仪器设备的购置、使用、标识、维护、停用、租借等管理作出明确规定，保证仪器设备得到合理配置、正确使用和妥善维护，提高检测数据的准确性、可靠性。例如，对于设备的配备可规定：

①根据检测项目和工作量的需要及相关技术规范的要求，合理配备采样、样品制备、样品测试、数据处理和维持环境条件所要求的所有仪器设备种类和数量，并对仪器技术性能进行科学的分析评价和确认。

②如果需要借用外单位的仪器设备，必须严格按本单位仪器设备的管理进行有效控制。建立仪器设备配备情况一览表，有助于提高设备管理效率，仪器设备配备情况见表 11-2。

此外，应根据检测项目开展情况配备标准物质，并做好标准物质管理。配备的标准物质应该是有证标准物质，保证标准物质在其证书规定的保存条件下贮存，建立标准物质台账，记录标准物质名称、购买时间、购买数量、领用人、领用时间和领用量等信息。

表 11-2　仪器设备配备情况一览表（样表）

序号	设备名称	设备型号	出厂编号	检定/校准方式	检定/校准周期	仪器摆放位置
1	电子天平	TE212 L	####	检定	1 年	205 室
...						

（10）其他：为保证建立的质量管理体系覆盖检测的各个方面、环节、所有场所，且能持续有效地指导实施质量管理活动，还应对以下质量管理活动作出原则性的规定：

①质量体系在哪些情形下，由谁提出、谁批准同意修改等。

②如何正确使用管理质量体系各类管理和技术文件，即如何处理各种文件，如何编制、审批、发放、修改、收回、标识、存档或销毁等。

③如何购买对监测质量有影响的服务（如委托有资质的机构检定仪器即购买服务），以及如何购买、验收和存储设备、试剂、消耗材料。

④检测工作中出现的与相关规定不符的事项，应如何采取措施。

⑤质量管理、实际样品检测等工作中相关记录的格式模板应如何编制，以及实际工作过程中如何填写、更改、收集、存档和处置记录。

⑥如何定期组织单位内部熟悉检测质量管理相关规定的人员，对相关规定的执行情况进行内部审核。

⑦管理层如何就内部审核或者日常检测工作中发现的相关问题，定期研究解决。

⑧检测工作中，如何选用、证实/确认检测方法。

⑨如何对现场检测、样品采集、运输、贮存、接收、流转、分析、监测报告编制与签发等检测工作全过程的各个环节采取有效的质量控制措施，以保证监测工作质量。

⑩如何编制监测报告格式模板，实际检测工作中如何编写、校核、审核、修

改和签发检测报告等。

11.2.2　程序文件

程序文件是规定质量活动方法和要求的文件，是质量手册的支持性文件，主要目的是对产生检测数据的各个环节、各个影响因素和各项工作作出全面规范。包括人员、设备、试剂、耗材、标准物质、检测方法、设施和环境、记录和数据录入发布等各关键因素，明确详细地规定某一项与检测相关的工作，执行人员是谁、经过什么环节、留下哪些记录，以实现在高效地完成工作的同时保证数据质量。

编写程序文件时，应明确每个程序的控制目的、适用范围、职责分配、活动过程规定和相关质量技术要求，从而使程序文件具有可操作性。例如，制定检测工作程序，对检测任务的下达、检测方案的制定、采样器皿和试剂的准备、样品采集和现场检测、实验室内样品分析，以及测试原始记录的填写等诸多环节，规定分别由谁来实施以及实施过程中应该填写哪些记录，以保证工作有序开展。

档案管理也是一项涉及较多环节的工作，涉及档案产生后的暂存、收集、交接、保管和借阅查询使用等一系列环节，在各个细节又需要保证档案的完整性，因此制定一个档案管理程序就显得比较重要了。这个程序可以规定档案产生人员如何暂存档案、暂存的时限是多长、档案收集由谁来负责、交给档案收集人员时应履行的手续、档案集中后由谁来负责建立编号、档案如何保存、借阅查询时应履行的手续等。

又如，检测方案的制定，方案制定人员需要弄清的文件有环评报告中的监测章节内容、生态环境部门作出的环评批复、执行的排放标准，许可证管理的相关要求，行业涉及的自行监测指南等。在明确管理要求后所制定的检测方案，宜请熟悉环境管理、环境监测、生产工艺和治理工艺的专业人员对方案进行审核把关，既有利于保证检测内容和检测频次等满足管理要求，又可避免不必要的人力、物力浪费。

一般来说，检测实验室需制定的程序性规定应包括人员培训程序、检测工作程序、设备管理程序、标准物质管理程序、档案管理程序、质量管理程序、服务和供应品的采购与管理程序、内务和安全管理程序、记录控制和管理程序等。

11.2.3　作业指导书

作业指导书是指特定岗位工作或活动应达到的要求和遵循的方法。对于下列情形往往需要检测机构制定作业指导书：

（1）标准检测方法中规定可采取等效措施，而检测机构又的确采取了等效措施。

（2）使用非母语的检测方法。

（3）操作步骤复杂的设备。

作业指导书应写得尽可能具体，且语言简洁不产生歧义，以保证各项操作的可重复。

11.2.4　记录

记录包括质量记录和技术记录。质量记录是质量体系活动产生的记录，如内审记录、质量监督记录等；技术记录是各项监测工作所产生的记录，如《pH 分析原始记录表》《废水流量监测记录（流速仪法）》。记录是保证从检测方案的制定开始，到样品采集、样品运输和保存、样品分析、数据计算、报告编制、数据发布的各个环节留下关键信息的凭证，证明数据生产过程满足技术标准和规范要求的基础。检测实验室的记录既要简洁易懂，也要有足够的信息量让检测工作重现。这就要求记录人员认真学习国家的相关法律法规等管理规定和技术标准规范，把握必须记录备查的关键信息，在设计记录表格样式的时候予以考虑。如对于样品采集，除采样时间、地点、人员等基础信息外，还应包括检测项目、样品表观（定性描述颜色、悬浮物含量）、样品气味、保存剂的添加情况等信息。对于具体的某一项污染物的分析，需记录分析方法名称及代码、分析时间、分析仪器的名称型号、标准/校准曲线的信息、取样量、样品前处理情况、样品测试的信号值、计算公式、计算结果以及质控样品分析的结果等。

11.3   自行监测质控要点

自行监测的质量控制，既要考虑人员、设备、监测方法、试剂耗材等关键因素，也要重视设施环境等影响因素。每一项检测任务都应有足够证据表明其数据质量可信，在制定该项检测任务实施方案的同时，制定一个质控方案，或者在实施方案中有质量控制的专门章节，明确该项工作应针对性地采取哪些措施来保证数据质量。自行监测工作中，监测方案应包含自行监测点位，监测项目和监测频次，采样、制样和分析执行哪些技术规范等信息，并通过生态环境部门审查；日常监测工作中，需要落实负责现场监测和采样、制样和分析样品、报告编制工作的具体人员，以及应采取的质控措施。应采取的质控措施可以是一个专门的方案，规定承担采样、制样和分析样品的人员应该具有的技能（如经过适当的培训后持有上岗证），各环节的执行人员应该落实哪些措施来自证所开展工作的质量，质量控制人员应该如何查证各环节执行人员工作的有效性等。一般来说，质控方案就是保证数据质量所需要满足的人员、设备、监测方法、试剂耗材和环境设施等的共性要求。

11.3.1   人员

人员技能水平是自行监测质量的决定性因素，因此检测机构制定的规章制度性文件中，要明确规定不同岗位人员应具有的技术能力。例如，应该具有的教育背景、工作经历、胜任该工作应接受的再教育培训，并以考核方式确认是否具有胜任岗位的技能。对于人员适岗的再教育培训，如掌握行业相关的政策法规、标准方法、操作技能等，由检测机构内部组织或者参加外部培训均可。适岗技能考核确认的方式也是多样化的，如笔试、提问、操作演示、实样测试、盲样考核等。无论采用哪种培训、考核方式，均应有记录来证实工作过程。例如，内部培训应至少有培训教材、培训签到表，外部培训有会议通知、培训考核结果证明材料等。

需注意对于口头提问和操作演示等考核方式也应有记录。例如，口头提问的记录
信息至少包括考核者姓名、提问内容、被考核者姓名、回答要点，以及对于考核
结果的评价；操作演示考核的记录信息至少包括考核者姓名、要求考核演示的内
容、被考核者姓名、演示情况的概述以及评价结论。在具体执行过程中，切忌人
员技能培训"走过场"，杜绝出现徒有各种培训考核记录，但人员技能依然不高的
窘境。例如，某厂自行监测厂界噪声的原始记录中，背景值仅为 30 dB（A），暴
露出监测人员对仪器性能和环境噪声缺乏基本的认知。

11.3.2　仪器设备

监测设备是决定数据质量的另一关键因素。自 2015 年 1 月 1 日起施行的《中
华人民共和国环境保护法》第二章第十七条明确规定：监测机构应当使用符合国
家标准的监测设备，遵守监测规范。所谓符合国家标准，首先，应根据排放标准
规定的监测方法选用监测设备，也就是仪器的测定原理、检测范围、测定精密度、
准确度以及稳定性等满足方法的要求；其次，设备应根据国家计量的相关要求和
仪器性能情况确定检定/校准，列入《中华人民共和国强制检定的工作计量器具目
录》或有检定规程的仪器应送有资质的单位进行检定，如烟尘监测仪、天平、砝
码、烟气采样器、大气采样器、pH 计、分光光度计、声级计、压力表等。属于非
强制检定的仪器与设备可以送有资质的计量检定机构进行校准，无法送去检定或
者校准的仪器设备，应由仪器使用单位自行溯源，即自己制定校准规范，对部分
计量性能或参数进行检测，以确认仪器性能准确可靠。

对于投入使用的仪器，要确保其得到规范使用。应明确规定如何使用、维护、
维修和确认性能仪器。例如，编写仪器设备操作规程（仪器操作说明书）和维护
规程（仪器维护说明书），以保证使用人员能够正确使用和维护仪器。与采样和监
测结果的准确性和有效性相关的仪器设备，在投入使用前，必须进行量值溯源，
即用前述的检定/校准或者自校手段确认仪器性能。对于送到有资质的检定或者校
准单位的仪器，收到设备的检定或者校准证书后，应查看检定/校准单位实施的检

定/校准内容是否符合实际的检测工作要求。例如，配备有多个传感器的仪器，检测工作需要使用的传感器是否都得到了检定；对于有多个量程的仪器，其检定或者校准范围是否满足日常工作需求。对于仪器的检定/校准或者自校，并不是一劳永逸的，应根据国家的检定/校准规程或者使用说明书要求，定期实施检定/校准或者自校，保持仪器在检定/校准或者自校有效期内使用，且每次监测前，都要使用分析标准溶液、标准气体等方式确认仪器量值，在证实其量值持续符合相应技术要求后使用。如定电位电解法规定烟气中二氧化硫、氮氧化物，每次测量前必须用标气进行校准，示值误差≤±5%方可使用。此外，应规定仪器设备的唯一性标识、状态标识，避免误用。仪器设备的唯一性标识既可以是仪器的出厂编码，也可以是检测单位按自行制定的规则编写的代码。

仪器的相关记录应妥善保存。建议给检测仪器建立一仪一档。档案的目录包括仪器说明书、仪器验收技术报告、仪器的检定/校准证书或者自校原始记录和报告、仪器的使用日志、维护记录、维修记录等，建议这些档案一年归一次档，以免遗失。应特别注意及时、如实填写仪器使用日志，切忌事后补记，否则不实的仪器使用记录会影响数据真实性的判断。比较常见的明显与事实不符的记录有：同一台现场检测仪器在同一时间，出现在相距几百千米的两个不同检测任务中；仪器使用日志中记录的分析样品量远大于该仪器最大日分析能力等，这种记录会让检查人员对数据的真实性打上巨大的问号。应建立制度规范，明确在必须对原始记录进行修改时应如何修改，避免原始记录被误改。

11.3.3 记录

规范使用监测方法，优先使用被检测对象适用的污染物排放标准中规定的监测方法。若有新发布的标准方法替代排放标准中指定的监测方法，应采用新标准。若新发布的监测方法与排放标准指定的方法不同，但适用范围相同的，也可使用。例如，《固定污染源废气　氮氧化物的测定　非分散红外吸收法 》（HJ 692—2014）、《固定污染源废气　氮氧化物的测定　定电位电解法》（HJ 693—2014）的适用范围明确为"固定污染源废气"，因此两项方法均适用于火电厂废气中氮氧化物的监测。

正确使用监测方法。污染源排放情况监测所使用的方法包括国家标准方法和国务院行业部门以文件、技术规范等形式发布的标准方法，特殊情况下也会用等效分析方法。为此，检测机构或者实验室往往需要根据方法的来源确定应实施方法验证还是方法确认，其中方法验证适用于国家标准方法和国家行业部门以文件、技术规范等形式发布的方法，方法确认适用于等效分析方法。为确保正确使用监测方法，检测机构仅实施了方法证实是不够的，还需要使用该监测方法的每个人用该方法获得的检出限、空白、回收率、精密度、准确度等各项指标均满足方法性能的要求，方可认为检测人员掌握了该方法，为正确使用监测方法奠定了基础。当然，并非每次检测工作中均需要对方法进行验证。一般认为，初次使用标准方法前，应验证能够正确运用标准方法；若标准方法发生变化，应重新予以验证。

一般来说，方法验证至少应包括以下 6 个方面的内容：

（1）人员：人员的技能是否及时更新、满足方法要求；人员数量是否满足工作要求。

（2）设备：设备性能是否满足方法要求；是否需要添置前处理设备等辅助设备；设备数量是否满足要求。

（3）试剂耗材：方法对试剂种类、纯度等的要求；数量是否满足；是否建立了购买使用台账。

（4）环境设施条件：方法及其所用设备是否对温度、湿度有控制要求；这些环境条件是否得到监控。

（5）方法技术指标：使用日常工作所用的标准和试剂作为方法的技术指标，如校准曲线、检出限、空白、回收率、精密度、准确度等，是否均达到了方法要求。

（6）技术记录：日常检测工作须填写的原始记录格式是否包含了足够的关键信息。

11.3.4 试剂耗材

规范使用标准物质，包括以下注意事项：

（1）应优先考虑使用国家批准的有证标准样品，以保证量值的准确性、可比性与溯源性。

（2）选用的标准样品与预期检测分析的样品，尽可能在基体、形态、浓度水平等性状方面接近。其中，基体匹配是需要重点考虑的因素，因为只有使用与被测样品基体相匹配的标准样品，在解释实验结果时才很少或没有困难。

（3）应特别注意标准样品证书中所规定的取样量与取样方法。证书中规定的固体最小取样量、液体稀释办法等是测量结果准确性和可信度的重要影响因素，宜严格遵守。

（4）应妥善贮存标准样品，并建立标准样品使用情况记录台账。有些标准样品有特殊的储存条件要求，应根据标准样品证书规定的储存条件保存标准样品，并在标准样品的有效期内使用，否则可能会影响标准样品量值的准确性。

严格按照方法要求购买和使用试剂/耗材。每一种方法都规定了试剂的纯度，需要注意的是，市售的与方法要求的纯度一致的试剂，不一定能满足方法的使用要求，对数据结果有影响的试剂、新购品牌或者产品批次不一致时，在正式用于样品分析前应进行空白样品实验，以验证试剂质量是否满足工作需求。对于试剂纯度不满足方法需求的情形，应购买更高纯度的试剂或者由分析人员自行净化。比较典型的案例是分析水中苯系物的二硫化碳，市售分析纯二硫化碳往往需要实验室自行重蒸，或者购买优级纯的二氧化碳才能满足方法对空白样品的要求。与此类似的还有分析重金属的盐酸、硝酸等，采用分析纯的酸往往会导致较高的空白和背景值，建议筛选品质可靠的优级纯酸。

牢记试剂/耗材有使用寿命。对于试剂，尤其是已经配制好的试剂，应注意遵守检测方法中对试剂有效期的规定。若没有特殊规定，建议参考执行《化学试剂标准滴定溶液的制备》（GB/T 601—2016）中关于标准滴定溶液有效期的规定，即常温（15～25℃）下保存时间不超过 2 个月。特别应注意表观不会被磨损类耗材的质保期，如定电位电解法的传感器、pH 计的电极等，这些仪器的说明书中明确规定了传感器或者电极的使用次数或者最长使用寿命，应严格遵守，以保证量值的准确性。

11.3.5 数据处理

数据的计算和报出也可能会发生失误，应高度重视。以火电厂排放标准为例，排放标准根据热能转化设施类型的不同，规定了不同的基准氧含量，实测的火电厂烟尘、二氧化硫、氮氧化物和汞及其化合物排放浓度，须折算为基准氧含量下的排放浓度，若忽略了此要求，将现场测试所得结果直接报出，必然导致较大偏差。对于废水检测，须留意在样品稀释后检测时，稀释倍数是否纳入了计算。已经完成的测定结果，还应注意计量单位是否正确，最好由熟悉该项目的工作人员校核，各项目结果汇总后，由专人进行数据审核后发出。录入计算机或信息平台时，注意检查是否有小数点输入的错误。

完备的质量控制体系运行离不开有效的质量监督。检测机构或者实验室应设置覆盖其检测能力范围的监督员，这些监督员可以是专职的，也可以是兼职的。但无论是哪种情形，监督员都应该熟悉检测程序和方法，并能够评价检测结果，发现可能发生的异常情况。为了使质量监督达到预期效果，最好在年初就制订监督计划，明确监督人、被监督的对象、被监督的内容、被监督的频次等。一般情况下，新进上岗人员、使用新分析方法或者新设备，以及生产治理工艺发生变化的初期等实施的污染排放情况检测应受到有效监督。监督的情况应以记录的形式予以妥善保存。此外，检测机构或者实验室应定期总结监督情况，编写监督报告，以保证质量体系中的各标准、规范和质量措施等切实得到落实。

第 12 章 信息记录与报告

监测信息记录与报告是相关法律法规的要求，也是排污许可制度实施的重要内容，是排污单位必须开展的工作。信息记录与报告的目的是将排污单位与监测相关的内容记录下来，供管理部门和排污单位使用，同时定期按要求进行信息报告，以说明环境守法状况，同时也为社会公众监督提供依据。本章围绕陆上石油天然气开采行业应开展的信息记录和报告的内容进行说明，为陆上石油天然气开采排污单位提供参考。

12.1 信息记录的目的与意义

说清污染物排放状况，自证是否正常运行污染治理设施、是否依法排污是法律赋予排污单位的权利和义务。自证守法，首先要有可以作为证据的相关资料，信息记录就是将所有可以作为证据的信息保留下来，在需要的时候有据可查。具体来说，信息记录的目的和意义体现在以下几个方面。

首先，便于监测结果溯源。监测的环节很多，任何一个环节出现问题，都可能造成监测结果的错误。通过信息记录，将监测过程中的重要环节的原始信息记录下来，一旦发现监测结果存在可疑之处，就可以通过查阅相关记录，检查哪个环节出现了问题。对于不影响监测结果的问题，可以通过追溯监测过程进行校正，从而获得正确的结果。

其次，便于规范监测过程。认真记录各个监测环节的信息，便于规范监测活动，避免由于个别时候的疏忽而遗忘个别程序，从而影响监测结果。通过对记录信息的分析，也可以发现影响监测过程的一些关键因素，这也有利于监测过程的改进。

再次，可以实现信息间的相互校验。记录各种过程信息，可以更好地反映排污单位的生产、污染治理、排放状况，便于建立监测信息与生产、污染治理等相关信息的逻辑关系，从而为实现信息间的互相校验、加强数据间的质量控制提供基础。通过记录各类信息，可以形成排污单位生产、污染治理、排放等全链条的证据链，避免单方面信息不足以说明排污状况。

最后，丰富基础信息，利于科学研究。排污单位生产、污染治理、排放过程中的一系列过程信息，对研究排污单位污染治理和排放特征具有重要意义。监测信息记录极大地丰富了污染源排放和治理的基础信息，这为开展科学研究提供了大量基础信息。基于这些基础信息，利用大数据分析方法，可以更好地探索污染排放和治理的规律，为科学制定相关技术要求奠定良好基础。

12.2 信息记录的要求和内容

12.2.1 信息记录要求

信息记录是一项具体而琐碎的工作，做好信息记录对于排污单位和管理部门都很重要。一般来说，信息记录应符合以下要求。

首先，信息记录的目的在于真实反映排污单位生产、污染治理、排放、监测的实际情况，因此，信息记录不需要专门针对需要记录的内容进行额外整理，只要保证所要求的记录内容便于查阅即可。为了便于查阅，排污单位应尽可能根据一般逻辑习惯整理成为台账保存。保存方式既可以为电子台账，也可以为纸质台账，以便于查阅为原则。

其次，信息记录的内容不限于标准规范中要求的内容，其他排污单位认为有利于说清本单位排污状况的相关信息，也可以予以记录。考虑排污单位污染排放的复杂性，影响排放的因素有很多，而排污单位最了解哪些因素会影响排污状况，因此，排污单位应根据本单位的实际情况，梳理本单位应记录的具体信息，丰富台账资料的内容，从而更好地建立生产、治理、排放的逻辑关系。

12.2.2　信息记录内容

12.2.2.1　手工监测记录

采用手工监测的指标，至少应记录以下内容：

（1）采样相关记录，包括采样日期、采样时间、采样点位、混合取样的样品数量、采样器名称、采样人姓名等。

（2）样品保存和交接相关记录，包括样品保存方式、样品传输交接记录。

（3）样品分析相关记录，包括分析日期、样品处理方式、分析方法、质控措施、分析结果、分析人姓名等。

（4）质控相关记录，包括质控结果报告单等。

12.2.2.2　自动监测运维记录

自动监测的正确运行需要定期进行校准、校验和日常运行维护，校准、校验和日常运行维护开展情况直接决定了自动监测设备是否能够稳定正常运行，而通过检查运维公司对自动监测设备的运行维护记录，可以对自动监测设备日常运行状态进行初步判断。因此，排污单位或者负责运行维护的公司要如实记录对自动监测设备的运行维护情况，具体包括自动监测系统运行状况、系统辅助设备运行状况、系统校准、校验工作等，仪器说明书及相关标准规范中规定的其他检查项目，校准、维护保养、维修记录等。

12.2.2.3　生产和污染治理设施运行状况

首先，污染物排放状况与排污单位生产和污染治理设施运行状况密切相关，记录生产和污染治理设施运行状况有利于更好地说清污染物的排放状况。

其次，考虑受监测能力的限制，无法做到全面连续监测，记录生产和污染治理设施运行状况可以辅助说明未监测时段的排放状况，同时可以对监测数据是否具有代表性进行判断。

最后，由于监测结果可能受仪器设备、监测方法等各种因素的影响，从而造成监测结果的不确定性，记录生产和污染治理设施运行状况，通过不同时段监测信息和其他信息的对比分析，可以对监测结果的准确性进行总体判断。

对于生产和污染治理设施运行状况，主要记录内容包括监测期间企业及各主要生产设施（至少涵盖废气主要污染源相关生产设施）运行状况（包括停机、启动情况）、产品产量、主要原辅料使用量、取水量、主要燃料消耗量、燃料主要成分、污染治理设施主要运行状态参数、污染治理主要药剂消耗情况等。日常生产中上述信息也需整理成台账保存备查。

12.2.2.4　工业固体废物（危险废物）产生与处理状况

工业固体废物作为重要的环境管理要素，排污单位应对一般工业固体废物和危险废物的产生、处理情况进行记录，同时一般工业固体废物和危险废物信息也可以作为废水、废气污染物产生排放的辅助信息。关于一般工业固体废物和危险废物的记录内容包括各类一般工业固体废物和危险废物的产生量、综合利用量、处置量、贮存量，危险废物还应详细记录其具体去向。

12.3　生产和污染治理设施运行状况

排污单位应详细记录其生产及污染治理设施运行状况，日常生产中应参照以下有关内容记录相关信息，并整理成台账保存以备查。

12.3.1 生产运行状况记录

根据企业主要生产单元、装置的生产运行实际情况，记录各主要生产单元每套装置的原辅材料用量和成分。主要产品产量，根据排污单位实际生产情况，记录原油、天然气等主要产品的产量，轻烃、液化气等产品产量也应记录。

取水量（新鲜水）是指调查年度从各种水源提取的并用于工业生产活动的水量总和，包括城市自来水用量、自备水（地表水、地下水和其他水）用量、水利工程供水量，以及企业从市场购得的其他水（如其他企业回用水量）。工业生产活动用水主要包括工业生产用水、辅助生产（包括机修、运输、空压站等）用水。厂区附属生活水（厂内绿化、职工食堂、浴室、保健站、生活区居民家庭用水、企业附属幼儿园、学校、游泳池等的用水量）如果单独计量且生活污水不与工业废水混排的水量不计入取水量。

各类燃料消耗和燃料成分、各类储罐涉及规模与工艺参数（温度、液位、周转量）、火炬及引燃设施工作状态（火炬气流量、火炬火焰温度、火种气流量、火种温度等）及运行时间等也需要记录。

12.3.2 废水污染治理设施运行状况记录

为了佐证废水监测数据情况，按日或班次记录废水处理量、回用水量、回用率、废水排放量、污泥产生量及含水率、废水处理使用的药剂名称及用量、用电量等，此外，还要记录污水处理设施运行、故障及维护情况等。

12.3.3 废气污染治理设施运行状况记录

为了佐证废气监测数据情况，按日或更换批次记录废气处理使用的吸附剂、催化剂、吸收液、过滤材料等名称、用量及更换时间，记录废气处理设施的主要运行和维护信息，如运行时间、废气处理量、操作温度、停留时间等。

12.3.4　噪声污染治理设施运行状况记录

记录噪声污染治理设施日常巡检、故障及维护或更换情况等。

12.4　固体废物产生和处理情况

记录一般工业固体废物和危险废物的产生量、综合利用量、处置量、贮存量，危险废物还应详细记录其具体去向，原料或辅助工序中产生的其他危险废物的情况也应进行记录。

危险废物应严格执行危险废物相关管理记录与报告要求。根据生态环境部《关于推进危险废物环境管理信息化有关工作的通知》（环办固体函〔2020〕733 号）和《关于进一步推进危险废物环境管理信息化有关工作的通知》（环办固体函〔2022〕230 号）的要求，排污单位应强化主体责任意识，危险废物产生单位应按照国家有关规定通过"全国固体废物管理信息系统"定期申报危险废物的种类、产生量、流向、贮存、处置等有关资料；危险废物转移单位，应当通过国家固体废物信息系统填写、运行危险废物电子转移联单；危险废物处置单位应按照国家有关规定通过国家固体废物信息系统如实报告危险废物利用处置情况。

对于委托外单位处置利用一般工业固体废物或者危险废物的，以及接收外单位一般工业固体废物或者危险废物的，应详细记录固体废物处理处置情况。对于自行综合利用、自行处置一般工业固体废物和危险废物的，还应当对本单位所拥有的处置场、焚烧装置等综合利用和处置设施及运行情况进行记录。

按照《排污许可证申请与核发技术规范　工业固体废物（试行）》（HJ 1200—2021）的规定记录工业固体废物相关信息。可能产生的危险废物按照《国家危险废物名录》或危险废物鉴别标准和鉴别方法认定。

12.5　信息报告及信息公开

12.5.1　信息报告要求

为了使排污单位更好地掌握本单位实际排污状况，也便于更好地对公众说明本单位的排污状况和监测情况，排污单位应编写自行监测年度报告，年度报告至少应包含以下内容：

（1）监测方案的调整变化情况及变更原因。

（2）企业及各主要生产设施（至少涵盖废气主要污染源相关生产设施）全年运行天数，各监测点、各监测指标全年监测次数、超标情况、浓度分布情况。

（3）按要求开展的周边环境质量影响状况监测结果。

（4）自行监测开展的其他情况说明。

（5）排污单位实现达标排放所采取的主要措施。

自行监测年报不限于以上信息，任何有利于说明本单位自行监测情况和排放状况的信息，都可以写入自行监测年报中。另外，对于领取了排污许可证的排污单位，按照排污许可证管理要求，每年应提交年度执行报告，其中自行监测情况属于年度执行报告中的重要组成部分，排污单位可以将自行监测年报作为年度执行报告的一部分一并提交。

12.5.2　应急报告要求

由于排污单位非正常排放会对环境或者污水处理设施产生影响，因此对于监测结果出现超标的，排污单位应加密监测，并检查超标原因。短期内无法实现稳定达标排放的，应向生态环境主管部门提交事故分析报告，说明事故发生的原因，采取减轻或防止污染的措施，以及今后的预防及改进措施等；若因发生事故或者其他突发事件，排放的污水可能危及城镇排水与污水处理设施安全运行的，应当立即采取措施消除危害，并及时向城镇排水主管部门和生态环境主管部门等有关部门报告。

12.5.3　信息公开要求

排污单位应根据排污许可证、《企业环境信息依法披露管理办法》（生态环境部令　第 24 号）和《国家重点监控企业自行监测及信息公开办法（试行）》（环发〔2013〕81 号）进行信息公开，但不限于此，排污单位还可以采取其他便于公众获取的方式进行信息公开。

信息公开应重点考虑两类群体的信息需求。一是排污单位周围居民的信息需求，周边居民是污染排放的直接被影响对象，最关心污染物排放状况对自身及环境的影响，因此对污染物排放状况及周边环境质量状况有强烈的需求。二是排污单位同类行业或者其他相关者的信息需求，同一行业不同排污单位之间存在一定的竞争关系，希望在污染治理上得到相对公平的待遇，因此会格外关心同行的排放状况，对同行业其他排污单位的排放状况信息有同行监督需求。

为了照顾这两类群体的信息需求，信息公开的方式应该便于这两大类群体获取。排污单位可以通过在厂区外或当地媒体上发布监测信息，使周边居民及时了解排污单位的排放状况，这类信息公开相对灵活，便于周边居民获取信息。而为了实现同行监督和一些公益组织的监督，也为了便于政府监督，有组织的信息公开方式更有效率。

目前，生态环境部通过"排污许可证信息管理平台"开展排污许可证申请、核发及排污许可证执行情况管理与信息公开，排污单位在平台上填报自行监测信息后可实现统一公开。

第 13 章　自行监测手工数据报送

为了方便排污单位信息报送和管理部门收集相关信息，受生态环境部生态环境监测司委托，中国环境监测总站组织开发了"全国污染源监测数据管理与共享系统"。为落实《排污许可管理条例》第二十三条的有关规定，全国污染源监测数据管理与共享系统和全国排污许可证管理信息平台实现了互联互通，排污单位登录全国排污许可证管理信息平台，通过"监测记录"模块跳转至全国污染源监测数据管理与共享系统填报自行监测手工数据结果。自行监测手工数据填报完成后，在全国排污许可证管理信息平台查看自行监测手工数据信息公开内容。

13.1　自行监测手工数据报送系统总体架构设计

根据《关于印发 2015 年中央本级环境监测能力建设项目建设方案的通知》(环办函〔2015〕1596 号)，中国环境监测总站负责建设"全国污染源监测数据管理与共享系统"，面向企业用户、环保用户、委托机构用户、系统管理用户 4 类用户，针对各自不同的业务需求，系统提供数据采集、排放标准管理、监测业务管理、数据查询处理与分析、决策支持、数据采集移动终端版、自行监测知识库、个人工作台、统一应用支撑、数据交换等功能。

另外，面向其他污染源监测信息采集系统(包括部级建设的固定污染源系统、全国排污许可证管理信息平台、各省级行政区重点污染源监测系统)使用数据交换平台进行数据交换，减少企业重复填报。

系统总体架构如图 13-1 所示。

图 13-1　系统总体架构

系统总体架构采用 SOA 面向服务的五层三体系的标准成熟电子政务框架设计，以总线为基础，依托公共组件、通用业务组件和开发工具实现应用系统快速开发和系统集成。系统由基础层、数据层、支撑层、应用层、展现层 5 个层面，以及贯穿项目始终，保障项目顺利实施和稳定、安全运行的系统运行保障体系、安全保障体系及标准规范体系构成。

（1）基础层：在利用中国环境监测总站现有的软硬件及网络环境的基础上配置相应的系统运行所需软硬件设备及安全保障设备。

（2）数据层：建设项目的基础数据库、元数据库，并在此基础上建设主题数据库、空间数据库以提供数据挖掘和决策支持。数据库依据原环境保护部相关标准及能力建设项目的数据中心相关标准建设。

（3）支撑层：在应用支撑平台企业总线及相关公共组件的基础上，建设本系统的组件，为系统提供足够的灵活性和扩展性，为应用集成提供灵活的框架，也为将来业务变化引起的系统变化提供快速调整的支撑。

（4）应用层：通过 ESB、数据交换实现与包括部级建设的固定污染源系统、全国排污许可证管理信息平台、各省级行政区重点污染源监测系统在内的其他系统对接。

（5）展现层：面向生态环境主管部门用户、企业用户及委托机构用户提供互联网访问服务。

（6）标准规范体系：制定全国污染源监测数据管理与共享系统数据交换标准规范，确保各应用系统按照统一的数据标准进行数据交换。

为保持系统安全稳定运行，同步配套设计和建设了安全保障体系与系统运行保障体系。

13.2　自行监测手工数据报送系统应用层设计

全国污染源监测数据管理与共享系统提供的业务应用包括数据采集、监测业务管理、数据查询处理与分析、决策支持、数据采集移动终端版、企业自行监测知识库、排放标准管理、个人工作台、统一应用支撑及数据交换 10 个子系统。系统功能架构如图 13-2 所示。

图 13-2　系统功能架构

（1）数据采集：主要对企业自行监测手工数据和管理部门开展的执法监测数据进行采集。面向全国已核发排污许可证的企业采集监测数据，提供信息填报、审核、查询、发布功能，并形成关联以持续监督。

系统能够满足各级生态环境主管部门录入执法监测数据、质控抽测数据、监督检查信息与结果、监测站标准化建设情况、环境执法与监管情况等要求。企业的基础信息由全国排污许可证管理信息平台直接获取，在系统中不可更改。企业自行监测方案由全国排污许可证管理信息平台直接获取，生态环境主管部门不再进行审核，企业自主确定自行监测方案执行时间。自行监测方案中除许可不包括要素外，其余要素在系统中不可更改。由于不同来源数据的采集频次和采集方式不同，系统能够提供不同的数据接入方式。

（2）监测业务管理：根据管理要求，汇总监测体系建设运行总体情况，生成表格。实现按时间、空间、行业、污染源类型等统计应开展监测的企业数量、不具备监测条件的企业数量及原因、实际开展监测的企业数量以及监测点位数量、监测指标数量等各指标的具体情况。

（3）数据查询处理与分析：查询条件可以保存为查询方案，查询时可调用查询方案进行查询。

（4）决策支持：系统除采用基本的数据分析方法外，可支持 OLAP 等分析技术对中心数据的快速分析访问，向用户显示重要的数据分类、数据集合、数据更新的通知以及用户自己的数据订阅等信息。

提供环保搜索功能，用户可按权限快速查询各类环境信息，也可以直接从系统进行汇总、平均或读取数据，实现多维数据结构的灵活表现。

（5）数据采集移动终端版：数据采集移动端能够帮助环保用户随时随地了解企业情况并上报检查信息，提高污染源数据采集信息的及时性和准确性。

（6）企业自行监测知识库：企业自行监测知识库系统为排污单位提供自行监测相关的法律法规、政策文件、排放标准、监测技术规范和方法、自行监测方案范例、相关处罚案例等查询服务，帮助和指导企业做好自行监测工作。

（7）排放标准管理：提供排放标准的维护管理和达标评价功能。管理用户可以对标准进行增、删、改、查操作，以保持标准为最新版本。提供接口，数据录入编辑和数据进行发布时均可调用该接口判定该数据是否超标，超标的给予提示，并按超标比例的不同给出不同颜色提醒。

（8）个人工作台：包括信息提醒（邮件和短信）、通知管理、数据报送情况查询、数据校验规则设置与管理等。为不同用户提供针对性强的用户体验，方便用户使用。

（9）统一应用支撑：实现系统维护相关功能，系统维护人员和数据管理人员基于这些功能对数据采集和服务进行管理，综合信息管理主要包括系统管理、个人工作管理、数据管理等方面的功能。

（10）数据交换：建立数据交换共享平台，实现系统中各子系统间的内部数据交换，以及实现与外部系统的数据交换。

内部交换包括采集子系统与查询分析子系统，各子系统与信息发布子系统之间进行数据交换。

外部交换主要是与其他信息系统的数据对接，将根据能力建设项目的相关标准制定监测数据标准、交换的工作流程标准、安全标准及交换运行保障标准等，制定统一的数据接口供各地现行污染源监测信息管理与数据共享。各相关系统按数据标准生成数据 XML 文件并通过接口传递到本系统解析入库，以实现与本系统的互联互通，减少企业重复录入，提高数据质量。

13.3　自行监测手工数据报送方式和内容

13.3.1　报送方式

排污单位自行监测手工数据报送方式为登录全国排污许可证管理信息平台，通过"监测记录"模块跳转至全国污染源监测数据管理与共享系统填报自行监测手工数据结果。自行监测手工数据填报完成后，在全国排污许可证管理信息平台查看自行监测手工数据信息公开内容。排污单位自行监测手工数据报送流程如图 13-3 所示。

图 13-3　排污单位自行监测手工数据报送流程

13.3.2 具体流程

企业相关基础信息由全国排污许可证管理信息平台直接获取，在系统中不可更改。由全国排污许可证管理信息平台直接获取的企业自行监测方案相关要素（废气、废水、无组织监测）在系统中不可更改，企业可补充完善自行监测方案中的其他要素（周边环境、厂界噪声）。自行监测方案补充完善后，生态环境主管部门不再进行审核，企业自主确定自行监测方案执行时间。

自行监测数据的填报流程。自行监测方案到企业自主设定的执行时间后，企业按监测方案开展监测，并按要求填报自行监测手工数据结果，手工监测数据需经过企业内部审核，审核通过的进行发布，不通过的退回企业填报用户修改。拥有审核权限的填报用户也可以直接发布。

13.3.3 具体内容

（1）企业基本信息：企业名称、社会信用代码、组织机构代码（与统一社会信用代码二选一）、行业类别、企业注册地址、企业生产地址、企业地理位置、流域信息、环保联系人及其联系方式、法定代表人及其联系方式、技术负责人等由全国排污许可证管理信息平台直接获取，在系统中不可修改。如发现上述信息错误，应通过全国排污许可证管理信息平台进行修改完善。

（2）监测方案信息：废气监测、废水监测、无组织监测等排污许可证中明确了自行监测相关要求的各项内容来源于全国排污许可证管理信息平台，在系统中不可更改。如发现上述信息错误，应通过全国排污许可证管理信息平台进行修改完善。许可证中未载明的周边环境监测和厂界噪声监测相关内容可在系统中进行补充完善。

（3）监测数据：各监测点位开展监测的各项污染物的排放浓度、相关参数信息、未监测原因等。

13.4　自行监测信息完善

13.4.1　监测方案信息完善

排污单位自行监测方案信息（废气、废水、无组织监测）自动从全国排污许可证管理信息平台导入本系统，排污许可证未载明的周边环境和厂界噪声自行监测要求，企业可在本系统补充完善。

企业用户在系统主界面进入"数据采集"→"企业信息填报"→"监测方案信息"。在【选择方案版本】中如果选择"版本号名称"即可查看相应版本号的监测信息。如果想修改监测信息，点击右侧【加载该版本】即可，然后在【选择方案版本】处选择【当前编辑】。修改过程可参照下面介绍的录入过程。录入新的监测信息，应在【选择方案版本】处选择【当前编辑】，然后点击右侧的【编辑】按钮进行编辑，如图 13-4 所示。

图 13-4　企业监测方案信息加载界面

在监测方案信息当前编辑中，会出现从全国排污许可证管理信息平台同步过来的监测方案信息，包含相关排放设备、监测点、监测项目、排放标准、限值、监测频次等信息，如图 13-5 所示。

图 13-5　许可证系统导入企业的监测方案信息界面

13.4.1.1　周边环境和厂界噪声监测信息录入

（1）添加周边环境和厂界噪声监测点

在编辑页面下，点击周边环境和厂界噪声监测点右上方的【增加监测点】，弹出监测点新增页面。输入【排序序号】【监测点名称】【监测点编号】，选择【经度】【纬度】【开始时间】【结束时间】，周边环境还需选择【监测类型】。点击【新增标准】弹出新增标准页面，新增标准成功后，点击【提交】按钮回到新增监测点页面，在此页面确定填写完全部信息后，点击【立即提交】按钮即可。这三类监测点的新增页面类似，如图 13-6、图 13-7 所示。

图 13-6　新增周边环境监测点信息

图 13-7 新增厂界噪声监测点信息

（2）添加周边环境和厂界噪声监测项目

一个监测点可能有多个监测项目，在添加完【监测点】之后，点击【增加项目】，弹出监测项目新增页面，录入相关信息，如图 13-8 所示。

图 13-8 新增监测项目信息

（3）修改周边环境和厂界噪声监测项目信息

修改周边环境和厂界噪声监测点、监测项目时，点击相应的名称，即可进入修改页面，修改过程可参照本小节（1）、（2）部分的新增过程，如图 13-9 所示。

图 13-9　修改监测项目信息

（4）删除周边环境和厂界噪声监测项目信息

删除周边环境和厂界噪声监测点、监测项目时，点击相应名称右侧的【删除】按钮即可，如图 13-10 所示。

图 13-10　删除监测项目信息

13.4.1.2　完成监测方案

周边环境和厂界噪声监测信息录入完成后，点击页面上的【保存成方案】按钮，会弹出新建监测方案页面，输入【方案名称】【方案版本】等，选择【公开开始时间】【公开结束时间】【编制日期】，上传【单位平面图】【监测点位示意图】，设置方案开始执行时间，最后可点击暂存或者生成正式方案按钮，如图 13-11、图 13-12 所示。

图 13-11　监测方案内容

图 13-12　监测方案基本信息

13.4.1.3　监测方案管理

企业用户在系统主界面进入"数据采集"→"企业信息填报"→"监测方案管理"。

（1）查看

根据查询列表结果，点击每条数据右侧的按钮🔍，即可查看方案的部分信息，如图 13-13 所示。

图 13-13　查看监测方案位置

进入监测方案查看信息页面后，点击右下方的【查看详情】即可查看相应的详细信息，如图 13-14、图 13-15 所示。

图 13-14　监测方案下载与查看

图 13-15　监测方案内容查看

（2）修改

针对方案状态【暂存】的情况可以对方案进行修改，点击右侧的【修改】按钮，可对方案基本信息进行修改，修改完成后点击生成正式方案按钮，如图 13-16 所示。

图 13-16　监测方案修改

（3）删除

针对方案状态【暂存】的情况可以对方案进行删除，点击右侧的【删除】按钮🗑，即可对方案进行删除，如图 13-17 所示。

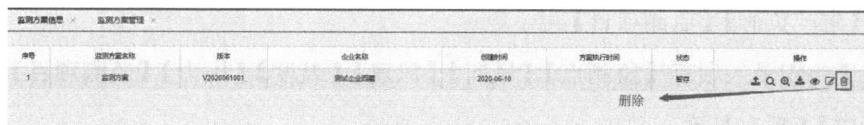

图 13-17　删除监测方案

13.4.2　监测数据录入

企业填报账户登录系统进入主界面"数据采集"→"企业信息填报"→"手工监测结果录入"。到达企业自主设定的方案开始执行时间后，方案正式生效，企业可针对监测项目，录入手工监测结果。

（1）录入手工监测结果

针对相应监测项目，选择需要录入手工监测结果的采样日期，黄色代表未填报完成，绿色代表填报完成，橘色代表未填报完成且超期，红色代表有超标数据，如图 13-18 所示。

图 13-18　手工监测结果录入

企业填报日期选择完毕，可选择不同的提交状态：【未提交】【已提交】【已发布】，下方会有【废水】【废气】【无组织】【周边环境】【噪声】中的一项或多项。

废水录入项有【监测点】【流量】【工作负荷】【监测项目】【频次单位】【频次】【截止日期】【监测结果】【备注原因】。

废气录入项有【排放设备】【监测点】【流量】【温度】【湿度】【含氧量】【流速】【生产负荷】【监测项目】等。

无组织录入项有【监测点】【风向】【风速】【温度】【压力】【监测项目】【频次单位】【频次】等。

周边环境录入项有【环境空气监测点】【湿度】【气温】【气压】【风速】【风向】【监测项目】【频次单位】等。

若录入的监测结果浓度超过标准值，文本所在输入框会变成红色，标识结果超标，如图 13-19 所示。

图 13-19　手工监测结果超标提醒

（2）保存手工监测结果

此功能用于保存填报用户填完的手工监测结果，但不提交审核。只需在填报信息后，点击【保存】按钮，之前录入的信息即进行保存，如图 13-20 所示。

图 13-20　手工监测结果保存

（3）提交审核手工监测结果

此功能用于填报用户提交手工监测结果，针对需要提交的手工监测结果，在每条记录右侧或者全选旁的选择框 □ 下进行勾选，再点击上方的【立即提交】按钮即可，如图 13-21 所示。

图 13-21　手工监测结果提交

（4）发布

此功能用于企业审核用户，对提交的手工监测结果进行发布处理。针对【提交状态】为【已提交】的手工监测结果，对需要发布的监测结果，在每条记录右侧或者全选旁的选择框□下进行勾选，再点击【发布】按钮对其进行发布，如图 13-22 所示。

图 13-22　手工监测结果发布

（5）修改已发布数据

企业填报用户可以对已发布的手工数据进行修改，点击结果数据记录右侧的【修改】按钮，修改数据信息，即可完成修改，如图 13-23 所示。

图 13-23　修改已发布手工监测结果

13.4.3　监测数据信息公开

企业审核用户对提交的手工监测结果进行发布处理后的次日，全国排污许可证管理信息平台公开企业自行监测手工数据。信息公开内容条目分为废气、废水、无组织、周边环境和噪声，具体内容包括企业名称、监测点名称、项目名称、采样/监测时间、折算浓度等，如图 13-24 所示。

自行监测信息

监测时间　　2022　▼

废气　　废水　　无组织　　周边环境　　噪声

企业名称	监测点名称	项目名称	实测浓度	折算浓度	采样时间	监测项目单位
	废气监测点1(DA008)	氯	4.19	4.08	2022-01-17	mg/Nm3
	废气监测点1(DA008)	氯化氢	9.29	9.04	2022-01-17	mg/Nm3
	废气监测点1(DA008)	氟化氢	0.66	0.64	2022-01-17	mg/Nm3
	废气监测点1(DA008)	汞及其化合物	0	0	2022-01-17	mg/Nm3
	废气监测点1(DA008)	铅、镉、铅、砷及其化合物	0	0	2022-01-17	mg/Nm3

图 13-24　自行监测手工数据结果信息公开

附　录

附录1

排污单位自行监测技术指南　总则

（HJ 819—2017）

附录2

排污单位自行监测技术指南
陆上石油天然气开采工业

（HJ 1248—2022）

附录 3

自行监测质量控制相关模板和样表

附录 4

自行监测相关标准规范

附录 5

自行监测方案参考模板

参考文献

[1]   EPA Office of Wastewater Management-Water Permitting. Water permitting 101[EB/OL].
        [2015-06-10]. http：//www. epa. gov/npdes/pubs/101pape. pdf.

[2]   Office of Enforcement and Compliance Assurance. NPDES compliance inspection manual[R].
        Washington D C：US Environmental Protection Agency，2004.

[3]   USEPA. Interim guidance for performance-based reductions of NPDES permit monitoring
        frequencies[EB/OL]. [2015-07-05]. http：//www. epa. gov/npdes/pubs/perf-red. pdf.

[4]   USEPA. USEPA NPDES permit writers' manual[S]. Washington D C：USEPA，2010.

[5]   UK. EPA. Monitoring discharges to water and sewer：M18 guidance note[EB/OL].
        [2017-06-05]. https：//www.gov.uk/government/publications/m18-monitoring-of-discharges-to-
        water-and-sewer.

[6]   Huang X W，Long Z Q，Wang L S. Technology development for rare earth cleaner
        hydrometallurgy in China[J]. Rare Met.，2015，34（4）：215-222.

[7]   常杪，冯雁，郭培坤，等. 环境大数据概念、特征及在环境管理中的应用[J]. 中国环境管
        理，2015，7（6）：26-30.

[8]   冯晓飞，卢瑛莹，陈佳. 政府的污染源环境监督制度设计[J]. 环境与可持续发展，2017，
        42（4）：33-35.

[9]   环境保护部大气污染防治欧洲考察团，刘炳江，吴险峰，王淑兰，等. 借鉴欧洲经验加快
        我国大气污染防治工作步伐——环境保护部大气污染防治欧洲考察报告之一[J]. 环境与
        可持续发展，2013（5）：5-7.

[10]   姜文锦，秦昌波，王倩，等. 精细化管理为什么要总量质量联动？——环境质量管理的国
        际经验借鉴[J]. 环境经济，2015（3）：16-17.

[11] 罗毅. 环境监测能力建设与仪器支撑[J]. 中国环境监测，2012，28（2）：1-4.

[12] 罗毅. 推进企业自行监测　加强监测信息公开[J]. 环境保护，2013，41（17）：13-15.

[13] 钱文涛. 中国大气固定源排污许可证制度设计研究[D]. 北京：中国人民大学，2014.

[14] 曲格平. 中国环境保护四十年回顾及思考（回顾篇）[J]. 环境保护，2013（10）：10-17.

[15] 宋国君，赵英煦. 美国空气固定源排污许可证中关于监测的规定及启示[J]. 中国环境监测，2015，31（6）：15-21.

[16] 孙强，王越，于爱敏，等. 国控企业开展环境自行监测存在的问题与建议[J]. 环境与发展，2016，28（5）：68-71.

[17] 谭斌，王丛霞. 多元共治的环境治理体系探析[J]. 宁夏社会科学，2017（6）：101-103.

[18] 唐桂刚，景立新，万婷婷，等. 堰槽式明渠废水流量监测数据有效性判别技术研究[J]. 中国环境监测，2013，29（6）：175-178.

[19] 王军霞，陈敏敏，穆合塔尔•古丽娜孜，等. 美国废水污染源自行监测制度及对我国的借鉴[J]. 环境监测管理与技术，2016，28（2）：1-5.

[20] 王军霞，陈敏敏，唐桂刚，等. 我国污染源监测制度改革探讨[J]. 环境保护，2014，42（21）：24-27.

[21] 王军霞，陈敏敏，唐桂刚，等. 污染源，监测与监管如何衔接？——国际排污许可证制度及污染源监测管理八大经验[J]. 环境经济，2015（Z7）：24.

[22] 王军霞，唐桂刚，景立新，等. 水污染源五级监测管理体制机制研究[J]. 生态经济，2014，30（1）：162-164，167.

[23] 王军霞，唐桂刚. 解决自行监测"测""查""用"三大核心问题[J]. 环境经济，2017（8）：32-33.

[24] 薛澜，张慧勇. 第四次工业革命对环境治理体系建设的影响与挑战[J]. 中国人口•资源与环境，2017，27（9）：1-5.

[25] 张紧跟，庄文嘉. 从行政性治理到多元共治：当代中国环境治理的转型思考[J]. 中共宁波市委党校学报，2008，30（6）：93-99.

[26] 张静，王华. 火电厂自行监测现状及建议[J]. 环境监控与预警，2017，9（4）：59-61.

[27] 张伟，袁张燊，赵东宇. 石家庄市企业自行监测能力现状调查及对策建议[J]. 价值工程，2017，36（28）：36-37.

[28] 张秀荣. 企业的环境责任研究[D]. 北京：中国地质大学，2006.

[29] 赵吉睿，刘佳泓，张莹，等. 污染源 COD 水质自动监测仪干扰因素研究[J]. 环境科学与技术，2016，39（S1）：299-301，314.

[30] 左航，杨勇，贺鹏，等. 颗粒物对污染源 COD 水质在线监测仪比对监测的影响[J]. 中国环境监测，2014，30（5）：141-144.

[31] 王军霞，唐桂刚，赵春丽. 企业污染物排放自行监测方案设计研究——以造纸行业为例[J]. 环境保护，2016，44（23）：45-48.

[32] 张静，王华. 火电厂自行监测关键问题研究[J]. 环境监测管理与技术，2017，29（3）：5-7.

[33] 王娟，余勇，张洋，等. 精细化工固定源废气采样时机的选择探讨[J]. 环境监测管理与技术，2017，29（6）：58-60.

[34] 尹卫萍. 浅谈加强环境现场监测规范化建设[J]. 环境监测管理与技术，2013，25（2）：1-3.

[35] 成钢. 重点工业行业建设项目环境监理技术指南[M]. 北京：化学工业出版社，2016.

[36] 杨驰宇，滕洪辉，于凯，等. 浅论企业自行监测方案中执行排放标准的审核[J]. 环境监测管理与技术，2017，29（4）：5-8.

[37] 王亘，耿静，冯本利，等. 天津市恶臭投诉现状与对策建议[J]. 环境科学与管理，2008，33（9）：49-52.

[38] 邬坚平，钱华. 上海市恶臭污染投诉的调查分析[J]. 海市环境科学，2003（增刊）：85-189.

[39] 张旭东. 工业有机废气污染治理技术及其进展探讨[J]. 环境研究与监测，2005，18（1）：24-26.

[40] 王宝庆，马广大，陈剑宁. 挥发性有机废气净化技术研究进展[J]. 环境污染治理技术与设备，2003，4（5）：47-51.

[41] 陈平，陈俊. 挥发性有机化合物的污染控制[J]. 石油化工环境保护，2006，29（3）：20-23.

[42] 吕唤春，潘洪明，陈英旭. 低浓度挥发性有机废气的处理进展[J]. 化工环保，2001，21（6）：324-327.

[43] 杨啸，王军霞. 排污许可制度实施情况监督评估体系研究[J]. 环境保护科学，2021，47（1）：10-14.

[44] 王军霞，刘通浩，敬红，等. 支撑排污许可制度的固定源监测技术体系完善研究[J]. 中国环境监测，2021，37（2）：76-82.

[45] 敬红，陈乾坤，王军霞，等. 固定污染源监测体系发展回顾及"十四五"建议[J]. 中国环境监测，2022，38（5）：1-8.

[46] 安丰春，王建夫，王玮. 中国石油国内油气对外合作面临的挑战与对策建议[J]. 国际石油经济，2022，30（9）：54-64.

[47] 周志霞. 中国石油发布2021年环境保护公报[J]. 中国石油石化，2022（12）：13.

[48] 中国石油2020年度社会责任报告[J]. 国际石油经济，2021，29（5）：2-3.

[49] 张强. 石油勘探开发过程中的环境问题探讨[J]. 中国石油和化工标准与质量，2023，43（7）：120-122.

[50] 冉照宽，许德刚，晏欣，等. 中国石油生态环境监测能力建设现状及建议[J]. 油气田环境保护，2022，32（1）：9-12.

[51] 张树琨. 石化行业挥发性有机物污染管控措施研究[D]. 秦皇岛：燕山大学，2018.

[52] 王教凯. 油气处理厂VOCs排放特征及综合管控对策研究[J]. 石油石化绿色低碳，2020，5（6）：40-44.

[53] 冯连勇，朱金宏，周家屹，等. 2018—2022年中国油气进出口状况分析[J]. 国际石油经济，2023，31（6）：81-89.

[54] 杜伟，付兆辉，利振彬，等. 中国油气行业"十四五"面临的形势与发展方向[J]. 国际石油经济，2022，30（1）：39-44.

[55] 张抗，张立勤，刘冬梅. 近年中国油气勘探开发形势及发展建议[J]. 石油学报，2022，43（1）：15-28，111.

[56] 何为. 中国石油污染源在线监测系统发展的探究[J]. 油气田环境保护，2017，27（4）：44-45，48，62.